Berichte aus dem
Institut für Umformtechnik
der Universität Stuttgart
Herausgeber: Prof. Dr.-Ing. K. Lange

58

Helmut Binder

Untersuchungen über das Verjüngen von zylindrischen Vollkörpern

Mit 50 Abbildungen und 3 Tabellen

Springer-Verlag
Berlin Heidelberg New York 1980

Dipl.-Ing. Helmut Binder
Institut für Umformtechnik
Universität Stuttgart

Dr.-Ing. Kurt Lange
o. Professor an der Universität Stuttgart
Institut für Umformtechnik

D 93

ISBN-13:978-3-540-10466-7   e-ISBN-13:978-3-642-81560-7
DOI: 10.1007/978-3-642-81560-7

Gesamtherstellung: Drucken + Werben GmbH · Löwenstraße 94 · 7000 Stuttgart 70 ·
Telefon (07 11) 76 49 59.
2362/3020—543210

Die Umformtechnik zeichnet sich durch sehr gute Werkstoffauswertung und hohe Mengenleistung in der Serienfertigung gegenüber anderen Fertigungsverfahren aus, wobei Beibehaltung der Masse, Änderung der Festigkeitseigenschaften während eines Vorgangs und elastische Rückfederung der Werkstücke nach einem Vorgang wesentliche Merkmale sind. Weiter sind die benötigten Kräfte, Arbeiten und Leistungen sehr viel größer als z.B. bei spanenden Verfahren. Die sichere Beherrschung eines Verfahrens in der industriellen Fertigung und die zunehmende Forderung nach Vermeidung bzw. Minimierung spanender Nacharbeit erzwingen die geschlossene Betrachtung des Systems "Umformende Fertigung" unter zentraler Berücksichtigung plastizitätstheoretischer, werkstoffkundlicher und tribologischer Grundlagen.

Das Institut für Umformtechnik der Universität Stuttgart stellt entsprechend Forschung und Entwicklung zum einen auf die Erarbeitung von Grundlagenwissen in diesen Bereichen ab, zum anderen untersucht und entwickelt es Verfahren unter Anwendung spezieller Meßtechniken mit dem Ziel einer genauen quantitativen Ermittlung des Einflusses der Parameter von Vorgang, Werkstoff, Werkzeug und Maschine. Die Behandlung von Problemen des Maschinenverhaltens, der Maschinenkonstruktion sowie der Werkzeugauslegung und -beanspruchung, der Auswahl hochbeanspruchbarer, verschleißfester Werkzeugbaustoffe und schließlich der Tribologie gehört entsprechend ebenfalls zum Arbeitsgebiet, das durch die Erfassung organisatorischer und betriebswirtschaftlicher Fragen abgerundet wird.

Im Rahmen der "Berichte aus dem Institut für Umformtechnik" erscheinen in zwangloser Folge jährlich mehrere Bände, in denen über einzelne Themen ausführlich berichtet wird. Dabei handelt es sich vornehmlich um Abschlußberichte von Forschungsvorhaben, Dissertationen, aber gelegentlich auch um andere Texte. Diese Berichte sollen den in der Praxis stehenden Ingenieuren und Wissenschaftlern zur Weiterbildung dienen und eine Hilfe bei der Lösung umformtechnischer Aufgaben sein. Für die Studierenden bieten sie die Möglichkeit zur Vertiefung der Kenntnisse. Die seit

zwei Jahrzehnten bewährte freundschaftliche Zusammenarbeit mit
dem Springer-Verlag sehe ich als beste Voraussetzung für das
Gelingen dieses Vorhabens an.

Kurt Lange

$$V \; o \; r \; w \; o \; r \; t$$

Die vorliegende Arbeit entstand während meiner Tätigkeit am
Institut für Umformtechnik der Universität Stuttgart.

Herrn Professor Dr.-Ing. K. Lange danke ich für seine großzügi-
ge Förderung und Unterstützung bei der Durchführung der Arbeit.

Für die eingehende Durchsicht der Dissertation bin ich Herrn
Professor Dr.-Ing. H. Stabe dankbar.

Mein Dank gilt ferner allen Mitarbeiterinnen und Mitarbeitern
des Instituts für Umformtechnik, die zum Gelingen der Arbeit
beigetragen haben.

Die Mittel zur Durchführung der Untersuchung wurden vom Arbeits-
kreis für Entwicklung und Erforschung des Kaltpressens, vom
Ministerium für Wirtschaft, Mittelstand und Verkehr Baden-
Württemberg und der Deutschen Forschungsgemeinschaft zur Verfügung gestellt.

Stuttgart, August 1980

Helmut Binder

<u>Inhaltsverzeichnis</u>

Seite

Verzeichnis der wichtigsten Abkürzungen

Allgemeine Zeichen

A	%	Bruchdehnung
A	mm²	Querschnittsfläche
c	$\dfrac{J}{g\ grad}$	spezifische Wärmekapazität
d	mm	Durchmesser
e	mm	Exzentrizität
E	N/mm²	Elastizitätsmodul
F	N	Kraft
h	mm	Höhe
h_k	mm	Kalibrierbereichshöhe
H	mm	Gesamthub
H	HV 10	Härte
J	mm^4	Flächenträgheitsmoment
k		Konstante
k	N/mm²	Schubfließgrenze
k_f	N/mm²	Fließspannung
l	mm	Länge
n	min^{-1}	Hubzahl
n		Verfestigungsexponent
$\bar{p}$	N/mm²	bezogene Kraft, Druck
P	$\dfrac{Nm}{s}$, J	Leistung
R_e	N/mm²	Streckgrenze
R_m	N/mm²	Zugfestigkeit
$R_{p0,2}$	N/mm²	Dehngrenze
R_a	μm	arithmetrischer Mittenrauhwert
R_p	μm	Glättungstiefe
R_t	μm	Rauhtiefe
S_o	mm²	Anfangsquerschnitt (Zugprobe)
S_u	mm²	kleinster Querschnitt nach dem Bruch (Zugprobe)
t	s	Zeit
T	°C (K)	Temperatur
v	mm/s	Geschwindigkeit
V	mm³	Volumen
w	mm	elastische Auslenkung
w	N/mm²	bezogene Formänderungsarbeit

W	mm³	Widerstandsmoment
z, r, ϑ		Zylinderkoordinaten
Z	%	Brucheinschnürung
α	grd	halber Matrizenöffnungswinkel
ε		Formänderung
$\dot{\varepsilon}$	1/s	Formänderungsgeschwindigkeit
ε_A		relative Querschnittsänderung
η		Wirkungsgrad
λ	$\lambda = 1/i$	Schlankheitsgrad (i = Trägheitsradius)
μ		Reibwert
ϱ	g/cm³	Dichte
σ	N/mm²	Spannung
τ	N/mm²	Schubspannung
Θ	grd	Winkel
φ	$\varphi = \ln A_O/A_1$	Umformgrad
$\dot{\varphi}$	1/s	Umformgeschwindigkeit
$\emptyset, \varkappa$		Spannungsfunktionen
ψ	grd	Winkel
ψ		Stromfunktion

Indizes

A	Auftreff...
F	Formänderungs...
id	ideell
K	Knick...
m	mittlere
max	Maximal...
M	Matrizen...
N	Normal...
N	Nutzhub...
opt	optimal
p	proportional
rel	relativ
R	Reib...
St	Stempel...
Sch	Schiebungs...
V	Vergleichs...

W	Werkzeug...
W	Wulst...
zul	zulässig
O	Anfangs...
1	End...

Auf dem Gebiet der Metallbearbeitung zeichnet sich eine Entwicklung ab, die dazu führt, daß immer mehr auch kompliziert
gestaltete Werkstücke durch Umformen hergestellt werden. Die
Verfahren der Kaltmassivumformung eignen sich hierzu in beson-
derem Maße, da sie aufgrund ihrer Vielseitigkeit bzw. zusammen mit anderen Fertigungsverfahren, wie z. B. dem Schneiden,
eine beachtliche Formenvielfalt erschließen. In diesem Zusammenhang ist dem Verjüngen verstärkte Beachtung zu schenken, da
es sich in hervorragender Weise in mehrstufige Verfahrensfolgen integrieren läßt. Die vorteilhaften Eigenschaften des Verjüngens wirken sich aber erst dann in vollem Umfang aus, wenn
es, mit einem der Kaltpreßverfahren kombiniert, in einem Arbeitsgang durchgeführt werden kann. Bei diesen Verfahrenskombinationen laufen die einzelnen Teilvorgänge in der Regel zeitlich nacheinander ab, so daß die Gesetzmäßigkeiten für Kräfte
und Stofffluß dem jeweiligen Grundverfahren entsprechen. Die
grundsätzlichen Möglichkeiten für derartige Verfahrenskombinationen mit dem Fließpressen, Stauchen, Abstreckgleitziehen
oder auch dem Verjüngen selbst sind in Bild 1 angedeutet.

Nach der Einteilung der Umformverfahren [1] unter dem Gesichtspunkt der während des Vorgangs überwiegend wirksamen Spannungen
gehört das Verjüngen zum Bereich des Druckumformens. Dort bildet es zusammen mit dem Fließ- und Strangpressen, gemäß der Art
der Krafteinleitung, die Gruppe der Durchdrückverfahren. Diesen Verfahren ist gemeinsam, daß das Rohteil durch eine formge-
bende Werkzeugöffnung (Matrize) hindurchgedrückt wird. Die Be-
sonderheiten des Verjüngens werden in DIN 8583 [2] wie folgt beschrieben:

     "Verjüngen ist Durchdrücken eines Werkstücks mit klei-
     ner Formänderung vornehmlich zum Erzeugen einzelner
     Werkstücke."

     Anmerkung: Einstoßen eines Stabes oder Rohres ist
     Verjüngen zum Vorbereiten für das Durchziehen.

Grundsätzlich kann das Verjüngen an Voll- und Hohlkörpern er-

folgen. Für das Verjüngen von Vollkörpern, worauf sich die Ausführungen im Rahmen dieser Arbeit beschränken, wird in der
Norm [2] nachstehende Definition angegeben:

> Verjüngen von Vollkörpern (Reduzieren) ist Verjüngen
> eines Vollkörpers ohne Abstützung des nicht umgeform-
> ten Werkstückteils in einem Aufnehmer (siehe Bild 2 b).
> Das freie, gedrückte Werkstückende darf sich dabei
> weder aufstauchen noch darf es ausknicken.

Ein Umformvorgang, der in seiner Art Analogien zum Verjüngen
aufweist, ist das Voll-Fließpressen. Beide Verfahren unterscheiden sich im wesentlichen durch die konstruktive Ausführung der
Preßbüchse (Bild 2). Während das Rohteil beim Voll-Fließpressen
vollkommen von Stempel und Preßbüchse umschlossen wird, ist es
beim Verjüngen, abgesehen von einer Führungseinrichtung, ohne
Abstützung. Deshalb sind die erreichbaren Querschnittsabnahmen
beim Verjüngen enger begrenzt, da, sobald die vom Stempel ausgehende, axiale Druckbeanspruchung den Wert der Anfangsfließspannung bzw. der Knickspannung erreicht, sich das Rohteil
zwischen Stempel und Matrize verformen würde. Diesen eingeschränkten Anwendungsmöglichkeiten des Verjüngens stehen jedoch
einige Vorteile, z.B. Entfallen der Wandreibung sowohl während
des eigentlichen Preßvorganges als auch beim Ausstoßen des Werkstücks sowie die Möglichkeit zum Umformen abgesetzter Rohteile,
gegenüber. Aus diesem Grund findet das Verjüngen ungeachtet seiner Verfahrensgrenzen eine Vielzahl von Anwendungsmöglichkeiten,
wie dies bei der Herstellung von Befestigungselementen und Kon-
struktionsteilen für den Maschinen- und Fahrzeugbau der Fall ist.
Beispiele hierfür sind Schrauben, Niete, Bolzen, Achsen, Wellen,
Spindeln usw.

1   Aufgabenstellung

Bei der Auslegung von Stadienplänen für die Kaltmassivumformung
beruht die Festlegung der Vorgangskenngrößen für das Verjüngen
bisher auf empirisch gewonnenen Regeln, während für andere
Kaltpreßverfahren diese Zusammenhänge weitgehend theoretisch
erfaßt und experimentell abgesichert sind. Es ist deshalb das
Ziel der vorliegenden Arbeit, über den gegenwärtigen Kenntnisstand hinaus die wichtigsten Einflußgrößen auf den Kraftbedarf, die Verfahrensgrenzen sowie die Gebrauchseigenschaften
der gepreßten Werkstücke quantitativ zu erfassen und auf diesem
Wege dem Anwender die Einsatzmöglichkeiten des Verjüngens aufzuzeigen.

1.1   Stand der Erkenntnisse

Gemessen an anderen Verfahren der Kaltmassivumformung, findet
das Verjüngen im Fachschrifttum verhältnismäßig wenig Beachtung.
Bei der Mehrzahl der Veröffentlichungen über das Verjüngen handelt es sich um die Beschreibung ausgewählter Praxisbeispiele.
Hierfür stellvertretend erwähnt sind die Aufsätze [3 bis 8].
Die Angaben der Autoren beziehen sich auf die wichtigsten Ver-
fahrenskenngrößen, wie Umformgrad, Matrizenöffnungswinkel,
Rohteilfestigkeit usw. Eine Übertragbarkeit der geschilderten
Erkenntnisse auf andere Anwendungsfälle ist jedoch nur in be-
schränktem Umfang möglich. Andere Autoren versuchen den Einsatzbereich des Verjüngens im Rahmen der Kaltmassivumformung
aufzuzeigen [9 bis 12]. In diesen Berichten werden die Verfahrensgrenzen des Verjüngens anhand von Erfahrungswerten bzw.
abgeleitet von der elementaren Plastizitätstheorie beschrieben.
Danach liegen die erreichbaren Umformgrade zwischen $\varphi = 0,29$
($\varepsilon_A = - 0,25$) und $\varphi = 0,54$ ($\varepsilon_A = - 0,42$). Für die zu wählen-
den Matrizenöffnungswinkel reichen die Angaben bis zu $2\,\alpha = 90\,°$.

Zur Berechnung der Stempelkraft, des optimalen Matrizenöffnungswinkels und der Verfahrensgrenzen werden im Schrifttum, aufbauend auf den Grundlagen der Plastizitätstheorie und den Erfahrungen der betrieblichen Praxis, unterschiedliche Ansätze vor-

gestellt. Diese Formeln wurden zum Teil für andere Umformvorgänge mit quasistationärem Stofffluß hergeleitet und unter Berücksichtigung der veränderten Randbedingungen auf das Verjüngen übertragen. Die wichtigsten Ansätze werden in den nachstehenden Ausführungen kurz vorgestellt und erläutert.

SIEBEL [13] geht beim Berechnen der Preßkraft für das Voll-Vorwärts-Fließpressen derart vor, daß er getrennte Ansätze für die ideelle Umformarbeit, die Schiebungsarbeit sowie die Reibarbeit aufstellt. Diese Überlegungen sind auf das Verjüngen übertragbar, indem Reibung zwischen Werkstück und Werkzeug nur entlang der kegeligen Matrizenfläche angenommen wird. Damit ergibt sich für die auf die Rohteilquerschnittsfläche bezogene Preßkraft folgender Zusammenhang, wobei sich das Werkstück beim Verjüngen vor der Düse nicht aufstauchen darf:

$$\bar{P}_{St} = k_{fm} \left(\frac{2}{3} \hat{a} + \varphi \left(1 + \frac{2\mu}{\sin 2\,\alpha} \right) \right) \leq R_e \, . \qquad (1)$$

Die bezogene Preßkraft hängt also ab vom Werkstoff (Fließspannung k_f), von der Querschnittsänderung (Umformgrad φ), dem Reibwert μ an der Schulter und dem Matrizenöffnungswinkel 2α. Da sich der Werkstoff in der Regel während des Kaltumformens verfestigt, wird den Berechnungen eine mittlere Fließspannung zugrunde gelegt. Diese ergibt sich als Mittelwert aus der Anfangsfließspannung und der Fließspannung nach dem Umformen. Angaben über die Größe des Reibwerts werden vom Autor nur für das Voll-Vorwärts-Fließpressen gemacht. Dort werden Werte zwischen $\mu = 0,04$ und $\mu = 0,08$ empfohlen. Ausgehend von den Berechnungsgrundlagen nach Gl. (1), besteht auch die Möglichkeit, den optimalen Matrizenöffnungswinkel hinsichtlich des Kraftbedarfs zu bestimmen. Rechnerisch erfolgt dies durch partielle Differentiation nach dem Winkel. Nach [13] gilt:

$$\cos 2\,\alpha_{opt} = - 3\varphi\,\mu \pm \sqrt{9\,\mu^2\,\varphi^2 + 1} \, . \qquad (2)$$

GELEJI [14] leitet die für das Verjüngen erforderliche Preßkraft ebenfalls wie SIEBEL über einen in Teilkräfte aufgegliederten Ansatz her. Die ideelle Umformkraft sowie die Reibkraft werden über einen mittleren Umformwiderstand k_m berechnet. Dabei wird von der Modellvorstellung ausgegangen, daß auf ein

Volumenelement in Achsrichtung die mittlere Spannung
$\sigma_{zm} = F_{St}/2A_o$ und senkrecht dazu in radialer Richtung die
Spannung $\sigma_r = k_m$ wirke. Unter Zuhilfenahme der Trescaschen
Fließbedingung kann der Umformwiderstand k_m berechnet werden

$$k_m = \frac{k_{fm} \, [1 + 0,385 \, (1 - |\varepsilon_A|) \, \hat{\alpha} \,]}{(1 - \frac{1}{2} |\varepsilon_A|)(1 + \mu/\hat{\alpha})} \, . \tag{3}$$

Die bezogene Stempelkraft ergibt sich dann zu:

$$\overline{P}_{St} = k_m \, |\varepsilon_A| + 0,77 \, k_{fm} \, \frac{A_1}{A_o} \, \hat{\alpha}. \tag{4}$$

Die beste Annäherung an Versuchsergebnisse erhält man, wenn
Reibwerte zwischen $\mu = 0,06$ und $\mu = 0,08$ der Rechnung zugrunde gelegt werden, wobei mit zunehmendem Matrizenöffnungswinkel die höheren Reibwerte einzusetzen sind.

Zur einfachen Ermittlung der Stempelkraft empfiehlt SIEBER
[15], die Beziehung

$$\overline{P}_{St} = k_{fm} \, (\varphi + \frac{2}{3} \, \hat{\alpha}) \, (1 + \mu/\hat{\alpha}) \tag{5}$$

zu verwenden. Diese Formel enthält im Grunde die gleichen An-
teile, wie die von SIEBEL vorgeschlagene. Die Abänderungen werden mit Erfahrungen aus der betrieblichen Praxis begründet.
Auch bei diesem Berechnungsansatz muß ein Reibwert angenommen
werden. Es wird empfohlen, bei Verwendung von phosphatierten
und geschmierten Rohteilen einen Reibwert von höchstens $\mu = 0,05$
einzusetzen.

In [16] geben BILLIGMANN und FELDMANN Berechnungsgrundlagen für
das Verjüngen an. Die einfachste Methode, den Kraftbedarf zu
bestimmen, lautet

$$\overline{P}_{St} = \frac{w}{\eta_F} \, , \tag{6}$$

wobei η_F den Umformwirkungsgrad und w die bezogene
Umformarbeit darstellen. Für das Verjüngen werden Wir-

kungsgrade zwischen $\eta_F = 0,5$ und $\eta_F = 0,7$ angegeben. Die bezogene Umformarbeit ergibt sich aus der Beziehung

$$w = \int_0^{\varphi} k_f \, d\varphi \tag{7}$$

und läßt sich, sofern die Fließkurve vorliegt, durch graphische Integration über jeden beliebigen Umformgrad bestimmen.

Ferner wird in [16] noch eine zweite Formel zur Kraftberechnung vorgestellt, die in ihrem Aufbau Beziehung (5) ähnlich ist. Für die bezogene Stempelkraft gilt danach:

$$\overline{p}_{St} = k_{fm} \left(\varphi + \frac{4}{3\sqrt{3}} \hat{\alpha} \right) \left(1 + \frac{\mu}{\sin \alpha \cdot \cos \alpha} \right). \tag{8}$$

Die Angaben über die Größe des Reibwerts schwanken stark. Er wird für die Kaltumformung generell zwischen $\mu = 0,03$ und $\mu = 0,15$ angegeben. Bei Verwendung von phosphatierten und beseiften Rohteilen wird für die Kraftberechnung ein Reibwert von $\mu \approx 0,1$, für die Anwendung von MoS_2 als Schmierstoff wird ein Reibwert von $\mu \approx 0,05$ empfohlen.

HOFFMAN und SACHS leiten in [17] eine Formel zur Kraftberechnung her, indem sie an einem infinitesimal dünnen, scheibenförmigen Werkstückelement im Bereich der Umformzone das Kräftegleichgewicht ansetzen. Neben den äußeren Kräften, wobei Zugkräfte an beiden Enden des Werkstücks angreifen, finden noch die vom Werkzeug ausgehende Normalkraft sowie die Reibung an der kegeligen Matrizenfläche Berücksichtigung. Unter der Voraussetzung von vornehmlich kleinen Matrizenöffnungswinkeln wird angenommen, daß die äußeren Kräfte im rechten Winkel zueinander stehen und in Hauptspannungsrichtungen verlaufen. Durch Einsetzen dieser Spannungswerte in die Trescasche Fließbedingung ergibt sich folgende Beziehung zur Errechnung der bezogenen Stempelkraft:

$$\overline{p}_{St} = k_{fm} \left[\frac{1 + B}{B} \left(1 - \left(\frac{d_o}{d_1} \right)^{2B} \right) \right] \tag{9}$$

mit $B = \mu/\tan\alpha$.

Die Autoren schlagen vor, bei der Kaltumformung generell Reibwerte zwischen $\mu = 0{,}05$ und $\mu = 0{,}15$ zu verwenden.

AVITZUR stellt in [18] nachstehende Formel zur Berechnung der
Preßkraft vor:

$$\overline{P}_{St} = k_{fm} \left[\varphi \cdot f(\alpha) + \frac{2}{\sqrt{3}} \left(\frac{\hat{\alpha}}{\sin^2\alpha} - \cot\alpha \right) \right.$$

$$\left. + 2\mu \left(\frac{\varphi}{2} \left(1 + \frac{\varphi}{2} \right) \cot\alpha + \frac{2h_k}{d_1} \right) \right]. \tag{10}$$

Diese Beziehung ist über einen Leistungsansatz, basierend auf
der Annahme eines Geschwindigkeitsfeldes, hergeleitet. Die Umformzone ist durch Kugelflächen begrenzt. Die örtlichen Geschwindigkeiten sind auf die gedachte Kegelspitze der Düse gerichtet. Bei der Bestimmung der Reibleistung legt AVITZUR wie
die anderen Autoren das Coulombsche Reibgesetz zugrunde. Der
Wert $f(\alpha)$ wird für verschiedene Winkel in [18] tabellarisch
angegeben, da die Berechnung dieses Ausdrucks sehr aufwendig
ist. Aufbauend auf Gleichung (10), ergibt sich für die Bestimmung des optimalen Matrizenöffnungswinkels die Beziehung

$$2\hat{\alpha}_{opt} = \sqrt{3 \ \sqrt{3} \ \mu \ (1 + \varphi/2) \ \varphi} \ . \tag{11}$$

Die Berechnung der Verfahrensgrenze durch Aufstauchen erfolgt,
indem in Gl. (10) die größtzulässige, bezogene Stempelkraft
gleich der Fließspannung gesetzt wird. Dies führt zu:

$$\varphi_{zul} = \frac{f(\alpha) + \mu\cot\alpha}{2\mu\cot\alpha} \left(\sqrt{1 - \frac{2\mu\cot\alpha \left[1 + \frac{2}{\sqrt{3}} \left(\frac{\hat{\alpha}}{\sin^2\alpha} - \cot\alpha \right) + 4\mu\frac{h_k}{d_1} \right]}{[f(\alpha) + \mu\cot\alpha]^2}} - 1 \right). \tag{12}$$

Bei der Ermittlung des zulässigen Schlankheitsgrades geht
AVITZUR von einem beidseitig, gelenkig gelagerten Stab aus.
Damit ergibt sich aus Gleichung (10) und der Theorie von EULER
folgende Beziehung:

$$\frac{1}{d_o} = \pi \sqrt{\frac{E}{8 \ \overline{P}_{St}}} \ . \tag{13}$$

Im Schrifttum werden noch zusätzliche Berechnungsformeln für
die bezogene Stempelkraft und die Verfahrensgrenzen vorgestellt.
Dabei handelt es sich jedoch einerseits um sogenannte Faustfor-
meln, die keine Allgemeingültigkeit aufweisen und andererseits
um umfangreiche Ansätze, die von den grundlegenden Überlegungen SIEBELS bzw. GELEJIS abgeleitet sind.

In [19] berichtet PAWELSKI über vergleichende Untersuchungen
beim Ziehen und Einstoßen von runden Stangen. Im Rahmen dieser
Arbeit wird der Spannungszustand beim Ziehen von Draht mittels
der Gleitlinientheorie hergeleitet und unter der Annahme eines
überlagerten, hydrostatischen Druckspannungszustandes auf das
Einstoßen übertragen. Ausgehend von der Spannungsverteilung im
Werkstück, werden Berechnungsgrundlagen zur Bestimmung der Werk-
zeugbelastung und des Kraftbedarfs zusammengestellt und durch
Versuche überprüft.
DEORDIEV [20] führte experimentelle Untersuchungen auf dem Ge-
biet des mehrstufigen Verjüngens von Stahl durch. In vier Preß-
stufen werden ohne Zwischenbehandlung Querschnittsabnahmen von
ε_A =-0,65 (φ= 1,05) bis ε_A-= 0,75 (φ= 1,39) erreicht. Neben
Kraftmessungen liegt der Schwerpunkt dieser Arbeit bei der
Prüfung der Maßgenauigkeit der gepreßten Schäfte.

1.2   Zielsetzung der eigenen Untersuchungen

1.2.1   Experimentelle Untersuchungen

Die experimentellen Untersuchungen bilden die wesentliche Grundlage dieser Arbeit. Insgesamt wurden hierfür ca. 1500 Preß-
versuche durchgeführt, so daß die Aussagen über den Kraftbe
darf, die Verfahrensgrenzen sowie die Gebrauchseigenschaften
der umgeformten Werkstücke auf breiter Grundlage experimentell abgesichert sind. Entsprechend der Aufgabenstellung wurden bei
der Ausführung des Versuchsprogrammes die maschinen-, die werk-
zeug-, die werkstoff- sowie die werkstückseitigen Einflußgrößen
auf den Vorgangsablauf erfaßt. Mit Rücksicht auf einen vertret-
baren Versuchsumfang konnten aber nur die wichtigsten Verfahrensparameter systematisch auf ihren Einfluß untersucht werden.
Während der Versuche wurden die Stempelkraft und der Stempel-

weg gemessen. An den Roh- bzw. Fertigteilen wurden die Maßgenauigkeit und die Oberflächenbeschaffenheit sowie die Härte und
die Fließspannung ermittelt.

1.2.1.1 <u>Versuchseinrichtungen</u>

Für die Durchführung der Versuche stand eine Einpunkt-Zweistän-
der Kurbelpresse (Fabrikat Schuler, Modell F 315/014, Baujahr
1965) mit einer Nennkraft von 3150 kN bei einem Nutzwinkel von
$45°$ (h_N = 60 mm) zur Verfügung. Die Auswahl dieser Presse erfolgte aufgrund der Möglichkeit, die Stempelgeschwindigkeit in
einem größeren Bereich variieren zu können. Neben einem Schleich-
gang mit n = 2 Hüben/min kann die Hubzahl dieser Presse stufen-
los zwischen 12 Hüben/min und 25 Hüben/min gewählt werden. Der
Zusammenhang zwischen Stößelgeschwindigkeit, Stößelstellung vor
dem unteren Totpunkt und der Hubzahl geht aus Bild 3 hervor.
Die Größe des Gesamthubes beträgt H = 400 mm, wobei der Stößel
um maximal 120 mm verstellt werden kann. Der Hubweg des im Pres-
sentisch eingebauten Ausstoßers ist auf 80 mm begrenzt.

Das Versuchswerkzeug entspricht in seinem grundsätzlichen Aufbau einer Einrichtung zum Voll-Vorwärts-Fließpressen. Die Bau-
teile sind zur besseren Führung in ein Säulenführungsgestell
eingebaut (Bild 4). Der Stempel wird in einer Hülse geführt und
ist mit einer Überwurfmutter an der oberen Grundplatte befestigt.
Die Matrizen sind einfach armiert und stehen mit Öffnungswinkeln
zwischen 2 α = 12° und 2 α = 60° zur Verfügung. Der kleinste Matri-
zenaustrittsdurchmesser beträgt d_1 = 5 mm, der größte d_1 = 20 mm.
Die Außenmaße der Matrizen sind so gewählt, daß sie alle mit
demselben Zwischenring im Werkzeugunterteil eingebaut werden
können. Die Matrizenschulter ist zwischen dem Kalibrierbereich und dem
oberen Eintrittsradius über der gesamten Länge kegelig ausge-
führt, um Rohteile mit unterschiedlichem Durchmesser in einer
Matrize umformen zu können. Die Führung der Preßteile erfolgt
durch einen auf der Matrize aufliegenden Zentrierring, wobei die
Führungslänge ungefähr dem jeweiligen Rohteildurchmesser entspricht. Der Zentrierringdurchmesser ist einheitlich um ca.
0,05 mm bis 0,1 mm größer als der Rohteildurchmesser gewählt.

Zum Ausstoßen der Werkstücke aus der Matrize ist im Werkzeugunterteil ein Gegenstempel eingebaut. Stempel, Gegenstempel sowie die Matrizen wurden aus dem Kaltarbeitsstahl X 155 CrVMo 12 1 (1.2379), gehärtet auf 60 HRC bis 63 HRC, hergestellt. Die Schrumpfringe bestehen aus dem Warmarbeitsstahl X 40 CrMoV 51 (1.2344).

Für die Kraftmessung ist ein mit DMS versehener Kraftmeßkörper mit einer zulässigen Maximalkraft von 800 kN im Werkzeug eingebaut. Dieser befindet sich oberhalb des Stempels, im direkten Kraftfluß liegend. Zur Messung des Stempelweges dient ein induktiver Weggeber mit einem Meßweg von $\pm$ 50 mm (Fabrikat Hottinger, Typ W 50). Die sehr geringen Widerstandsbzw. Induktivitätsänderungen der Meßwertaufnehmer werden in Trägerfrequenzmeßverstärkern (Fabrikat Hottinger KWS/II-5) in analoge Spannungen umgeformt, verstärkt und gleichgerichtet und dann den Registriergeräten zugeleitet. Kraft und Weg werden bei allen Versuchen mit einem Lichtstrahloszillographen (Fabrikat Honeywell Typ Visicorder 1706) in Abhängigkeit von der Zeit aufgezeichnet.

1.2.1.2 Versuchswerkstoffe und Probenherstellung

Mit der Auswahl der Versuchswerkstoffe QSt 32-3, 16 MnCr 5 und Ck 45 wird der Bereich der unlegierten bzw. niedriglegierten Kohlenstoffstähle weitgehend repräsentiert. Der sehr kohlenstoffarme Stahl QSt 32-3 kommt bei der Kaltmassivumformung besonders häufig zur Anwendung wegen seiner verhältnismäßig geringen Festigkeit und seines hohen Formänderungsvermögens. Dagegen liegt der unlegierte Vergütungsstahl Ck 45 festigkeitsmäßig an der Obergrenze der zum Kaltpressen geeigneten Werkstoffe. Der legierte Einsatzstahl 16 MnCr 5 nimmt von den mechanischen Eigenschaften her gesehen einen Mittelplatz zwischen den beiden anderen Werkstoffen ein. Angaben über die chemische Zusammensetzung der Versuchswerkstoffe werden in Tabelle 1 gemacht.

Die Versuchswerkstoffe lagen in Form warmgewalzter Stäbe vor, die auf einer Kaltkreissäge abgestückt wurden. Der überwiegen-

de Teil der Stababschnitte wurde daran anschließend zur Herab-
setzung der Festigkeitswerte, in gebrannter Kohle eingepackt,
einer Weichglühbehandlung (973 K (700 °C) bis 993 K (720 °C),
ca. 4 h) mit nachfolgender langsamer Abkühlung im geschlossenen
Ofen unterzogen. Zur Überprüfung der Glühtemperatur war eine
Referenzprobe mit eingebohrtem Thermoelement beigegeben. Danach
sind die Teile auf Sollmaß ($d_o^{-0,05}$, $l_o^{\pm 1,0}$)bearbeitet worden.
Als Oberflächenbehandlung der Rohteile kam Zinkphosphatieren
(Phosphavit 911, Zwez) und Beseifen (Phosphavit Z-1A, Zwez)
bzw. Tauchen in wäßriger MoS_2-Suspension (Molydag 15, Acheson)
zur Anwendung. Dabei wurden die von den Lieferfirmen angegebenen Bedingungen genau eingehalten, wonach sich eine mit dem
Untergrund fest verwachsene, kristalline Zinkphosphatschicht
mit einer Dicke von 4 µm bis 12 µm und darauf eine zwischen
6 µm und 10 µm dicke Schmierstoffschicht ausbildet.

Für die Ermittlung der mechanischen Eigenschaften der Werkstoffe
im Ausgangszustand wurden an Proben aus der Stabmitte Härtemes-
sungen und Zugversuche durchgeführt sowie Fließkurven im Stauchversuch aufgenommen. Die dabei gewonnenen Kennwerte sind in Tabelle 2 zusammengefaßt.
Die Messung der Härte erfolgte mit einem Normallast-Prüfgerät
nach Vickers bei einer Prüfkraft von 98 N. Dabei wurden an
mehreren in der Längsschnittebene geteilten Rohteilen die Ein-
drücke unter Einhaltung des erforderlichen Mindestabstands
gleichmäßig über der Schnittfläche verteilt.
Die Fließkurven wurden im Zylinderstauchversuch an Proben mit
einem Durchmesser d_0 = 10 mm und einer Höhe h_0 = 16 mm auf einer
hydraulischen Universalprüfmaschine bzw. auf einer Exzenterpresse ermittelt. Die Umformgeschwindigkeit betrug im ersten Fall
zwischen $\dot{\varphi}$ = 0,02 1/s und $\dot{\varphi}$ = 0,03 1/s, wobei nahezu keine Erwärmung der Proben zu verzeichnen war (isothermes Umformen). Auf
der Exzenterpresse wurden Umformgeschwindigkeiten von $\dot{\varphi}$ = 35 1/s
bis $\dot{\varphi}$ = 37 1/s erreicht. Bei dieser hohen Geschwindigkeit er-
wärmten sich die Proben sehr stark, da während des Stauchvor-
ganges fast kein Wärmeaustausch mit der Umgebung stattfand
(adiabates Umformen). Die Fließspannungswerte der drei Versuchswerkstoffe sind in ähnlichem Maße wie die Härte untereinander
abgestuft (Bild 5). Die isotherm ($\dot{\varphi}\approx$ 0,02 1/s) aufgenommenen

Fließkurven der Versuchswerkstoffe lassen sich in sehr guter
Näherung zwischen $\varphi = 0,2$ und $\varphi = 1,0$ durch Potenzfunktionen beschreiben [21]. Durch Ausgleichsrechnung ergab sich für die
weichgeglühten Versuchswerkstoffe:

$$QSt\ 32\text{-}3 \qquad k_f = 576\ \varphi^{0,184}\ N/mm^2, \qquad\qquad (14\ a)$$

$$16\ MnCr\ 5 \qquad k_f = 806\ \varphi^{0,110}\ N/mm^2, \qquad\qquad (14\ b)$$

$$Ck\ 45 \qquad k_f = 921\ \varphi^{0,116}\ N/mm^2. \qquad\qquad (14\ c)$$

Die adiabat ermittelten Fließkurven liegen etwas höher. Eine
analytische Beschreibung dieser Kurven ist jedoch nicht sinn-
voll, da aufgrund der Wärmeentwicklung die Spannungswerte ab
$\varphi \approx 0,3$ kaum noch ansteigen bzw. sogar leicht abfallen.
Die Zugversuche wurden auf einer Universalprüfmaschine mit
Proben B 6 x 30 nach DIN 50 125 durchgeführt.

Zur Beurteilung des Gefügezustands wurden mikroskopische Schliffbilder angefertigt. Diese geben Aufschluß über den Grad der Ein-
formung des Zementits nach dem Weichglühen. In Bild 6 sind die
Schliffbilder der Versuchswerkstoffe im Anlieferungszustand sowie nach der Wärmebehandlung gezeigt. Beim Werkstoff QSt 32-3
haben sich durch das Glühen die dunklen Perlitkörner aufgelöst
und saumartig entlang der Ferritkorngrenzen angeordnet. Die
Werkstoffe 16 MnCr 5 und Ck 45 weisen, wie zu erwarten war,
einen merklich höheren Perlitanteil auf. Im walzharten Zustand
ist, vor allem beim Ck 45, die zeilige Anordnung des Zementits
zu erkennen. Nach der Wärmebehandlung liegen beide Stähle mit
weitgehend körnig ausgebildetem Perlit vor.

1.2.2   Theoretische Untersuchungen

Ziel der theoretischen Überlegungen ist, die grundlegenden Gesetzmäßigkeiten für das Verjüngen analytisch zu erfassen. Dafür
wurden Rechenmethoden ausgewählt, die sich bei der Behandlung
anderer Umformvorgänge bereits bewährten. Zur Durchführung dieser Arbeiten standen die Rechenanlagen (CDC 6600 bzw. CYBER 174)
des Rechenzentrums der Universität Stuttgart zur Verfügung.
Als experimentelle Grundlage für die theoretischen Untersuchungen diente die Methode der Visioplasticity [22].

Ausgehend davon wurden die örtlichen Vergleichsformänderungsgeschwindigkeiten und Vergleichsformänderungen bestimmt sowie
unterschiedliche Ansätze zur mathematischen Beschreibung der
Geschwindigkeitsverteilung auf ihre Übereinstimmung mit den
experimentell ermittelten überprüft. In einem weiteren Abschnitt wurde der Versuch unternommen, die örtlichen Spannungen nach dem Fehlerabgleichverfahren [23] zu ermitteln. Für die
Berechnung der auftretenden Stempelkräfte kamen das Verfahren
der oberen Schranke [24] sowie analytische Berechnungsansätze
[25] zur Anwendung. Bei der Bestimmung der Verfahrensgrenze
durch Ausknicken wurde von den Grundlagen der Elastostatik [26]
ausgegangen.

2   Verfahrensanalyse

2.1   Visioplastische Stoffflußuntersuchungen

Für die rechnerische Behandlung des Verjüngens ist es von großer
Wichtigkeit, physikalisch sinnvolle Annahmen zu treffen. Die
Methode der Visioplasticity [22] leistet hierzu einen grundle-
genden Beitrag, denn es besteht auf diese Weise die Möglichkeit,
die Geschwindigkeitsverteilung in der Umformzone sowie deren
Grenzen experimentell sichtbar zu machen. Zu diesem Zweck wur-
den entlang ihrer Längsachse geteilte Rohteile verjüngt, wobei
jeweils einer der zusammengehörenden Halbzylinder mit einem
Netz eingeritzter Linien versehen war. Einen phänomenologischen
Eindruck von derartig umgeformten Proben vermittelt Bild 7.

2.1.1   Experimentelle Ermittlung des Fließverhaltens

Das Verjüngen beginnt ebenso wie das Vollfließpressen mit einem
instationären Anfahrvorgang, während dessen zunächst die Matrize
mit Werkstoff ausgefüllt wird. Die in dieser Phase ablaufenden
Verformungsvorgänge können durch stufenweises Einpressen geteilter Netzlinienproben in die Matrize verfolgt werden (Bild 8).
Der Zuwachs des Stempelweges zwischen den einzelnen Preßstadien bei der in Bild 8 gezeigten Probe betrug 1 mm. Zu Beginn
des Umformvorganges legt sich der Werkstoff an die Matrizenschulter an. Am Außenrand entsteht eine ringförmige Umformzone. Die Probenmitte verbleibt zu diesem Zeitpunkt noch starr.
Dadurch kommt es außen gegenüber der Probenmitte zu einer deut-
lichen Werkstoffvoreilung. Bei tieferem Eindringen des Rohteiles in die Matrize dehnt sich die Umformzone, ausgehend vom
Außenrand, über den gesamten Probenquerschnitt aus. Die Werkstoffelemente unterliegen in diesem Stadium durchweg radialen
Stauchungen. Mit zunehmendem Abstand von der Längsachse treten zusätzlich verstärkt Winkeländerungen auf, die auf den
Schiebungseinfluß zurückzuführen sind. Im weiteren Verlauf der
Umformung wird die am Außenrand ursprünglich vorhandene deutliche Werkstoffvoreilung aufgrund der Reibung zwischen Werkzeug
und Werkstück teilweise wieder rückgängig gemacht, so daß sich
nach dem Durchfließen der Matrize eine in der Mitte geringfügig

konkav gewölbte Stirnfläche ergibt. Diese Art der Stirnflächenausbildung tritt, wie aus Bild 9 hervorgeht, bei zweistufig verjüngten Werkstücken noch ausgeprägter in Erscheinung. In diesem Fall
laufen während der Anfahrphase zur zweiten Preßstufe prinzipiell
wieder die gleichen Vorgänge ab, und deren Auswirkungen addieren
sich.

Sobald der Schulterbereich des Werkstücks vollkommen mit Werkstoff ausgefüllt ist und die Schaftspitze aus der Matrize austritt, stellt sich beim Verjüngen der bis zum Vorgangsende
gleichbleibende, quasistationäre Stofffluß ein. In dieser Phase bleibt der gesamte Bewegungszustand konstant, d. h. in
einem ortsfesten Punkt ändern sich die Geschwindigkeiten nach
Größe und Richtung zeitlich nicht. Für die experimentelle Aufnahme der Geschwindigkeitsfelder wurden zinkphosphatierte und
beseifte Netzlinienproben verwendet, welche eine Maschenweite
in radialer Richtung von 1 mm und in axialer Richtung zum Ausgleich der Längung von 0,5 mm aufwiesen. Die Linienbreite betrug im Ausgangszustand zwischen 0,05 mm und 0,08 mm. Die gewonnenen Ergebnisse gehen aus Bild 10 hervor. Dabei stellen
die ursprünglich zur Längsachse parallelen Raster sowohl die
Bahn- als auch die Stromlinien dar. Bei den untersuchten Stählen QSt 32-3, 16 MnCr 5 und Ck 45 ergaben sich keine Unterschiede im Fließverhalten (Bild 10 a). Es stellt sich eine im
wesentlichen einheitliche Geschwindigkeitsverteilung ein, wobei der Werkstoff in der Probenmitte gegenüber dem Außenrand
voreilt. Dies ist damit zu erklären, daß die in der Wirkfuge
zwischen Werkzeug und Werkstück herrschende Reibung außen
bremsend wirkt und dort zudem größere Wege zurückzulegen sind.
Durch die Größe des Matrizenöffnungswinkels ist das Fließverhalten des Werkstoffes in starkem Maße beeinflußbar (Bild 10 b).
Je größer der Öffnungswinkel gewählt wird, desto ungleichartiger werden die einzelnen Elemente über dem Querschnitt verformt. Schon bei einem Winkel $2\alpha = 12°$ treten am Außenrand
der Probe kleine Schiebungen auf, die mit zunehmendem Winkel
beträchtlich ansteigen. Ebenso ist zu beobachten, daß sich der
Werkstoff bei $2\alpha = 36°$ schon vor dem Eintritt in den eigentlichen Schulterbereich ausbaucht und sich an der kegeligen
Matrizenwand anlegt. Dadurch wird der Bereich der plastischen

Formänderungen in Richtung des Werkstückkopfes ausgedehnt. Die Änderungen des Stoffflusses in Abhängigkeit vom Umformgrad sind dagegen gering (Bild 10 c). Bei größeren Querschnittsabnahmen nimmt jedoch die Werkstoffvoreilung in der Probenmitte etwas zu. Ferner ist festzustellen, daß sich der Werkstoff bei einem Umformgrad φ = 0,05 und dem verhältnismäßig kleinen Matrizenöffnungswinkel 2 α = 24° am Eintritt in den Schulterbereich auszubauchen beginnt.

2.1.2 <u>Berechnung der örtlichen Vergleichsformänderungsgeschwindigkeiten und Vergleichsformänderungen nach der Differenzenmethode [27]</u>

Für die Berechnung der örtlichen Vergleichsformänderungsgeschwindigkeiten sowie Vergleichsformänderungen nach der sogenannten Differenzenmethode werden die im Versuch ermittelten Geschwindigkeitsfelder zugrundegelegt. Hierzu wurden die Koordinaten der Linienschnittpunkte unter dem Meßmikroskop[+]ausgemessen. Wegen der vorliegenden Symmetrie zur Längsachse genügte es, jeweils nur eine Probenhälfte auszuwerten. Unter der Annahme, daß der Weg zwischen zwei Schnittpunkten entlang einer Bahnlinie jeweils in der gleichen Zeit zurückgelegt wird, erhält man aus den Abständen zwischen zwei Punkten ein Maß für die örtlichen Geschwindigkeiten. Liegen in jedem Punkt der Umformzone die so ermittelten Geschwindigkeitskomponenten in axialer und radialer Richtung vor, lassen sich daraus die einzelnen Formänderungsgeschwindigkeiten näherungsweise berechnen. Dafür gelten folgende Ableitungsvorschriften:

$$\dot{\varepsilon}_r = \frac{\partial v_r}{\partial r} \approx \frac{\Delta v_r}{\Delta r} \, , \qquad\qquad (15\ a)$$

$$\dot{\varepsilon}_\vartheta = \frac{v_r}{r} \, , \qquad\qquad (15\ b)$$

$$\dot{\varepsilon}_z = \frac{\partial v_z}{\partial z} \approx \frac{\Delta v_z}{\Delta z} \, , \qquad\qquad (15\ c)$$

[+]Fabrikat Zeiss, Typ 100/50 digital, Ablesegenauigkeit 0,002 mm.

$$\dot{\varepsilon}_{rz} = \frac{1}{2} \left(\frac{\partial v_z}{\partial r} + \frac{\partial v_r}{\partial z} \right) \approx \frac{1}{2} \left(\frac{\Delta v_z}{\Delta r} + \frac{\Delta v_r}{\Delta z} \right). \qquad (15\ d)$$

Da beim Verjüngen in der Umformzone ein mehrachsiger Formänderungszustand vorliegt, ist es erforderlich, aus den einzelnen Formänderungsgeschwindigkeiten Gleichungen (15 a bis 15 d)
einen Vergleichswert zu berechnen. Aus der Gegenüberstellung
der spezifischen Leistungen bei ein- und mehrachsiger Umformung
sowie unter Berücksichtigung der vorhandenen Symmetrie ergibt
sich für die Vergleichsformänderungsgeschwindigkeiten der nachstehende Zusammenhang [1]:

$$\dot{\varepsilon}_v = \sqrt{\frac{2}{3} \left(\dot{\varepsilon}_r^2 + \dot{\varepsilon}_\vartheta^2 + \dot{\varepsilon}_z^2 + 2\dot{\varepsilon}_{rz}^2 \right)} \ . \qquad (16)$$

Die Vergleichsformänderung, die ein Werkstoffelement während
des gesamten Umformvorganges erfährt, erhält man schließlich
durch Integration der Vergleichsformänderungsgeschwindigkeiten
entlang der zurückgelegten Bahn

$$\varepsilon_v = \int_{t_0}^{t_1} \dot{\varepsilon}_v \ dt\ . \qquad (17)$$

Zur Durchführung dieser Berechnungen an den verjüngten Proben
wurde ein Rechenprogramm entwickelt, das in seinem Aufbau der in
[27] beschriebenen Vorgehensweise entspricht.

In den Bildern 11 und 12 sind die berechneten Bereiche gleicher Vergleichsformänderungsgeschwindigkeiten gezeigt. Die dabei angegebenen Werte sind normiert. Aufgrund der guten, gegenseitigen Übereinstimmung sind in Bild 11 b die Ergebnisse für
die drei weichgeglühten Versuchswerkstoffe (QSt 32-3, 16 MnCr 5,
Ck 45) in einer Darstellung zusammengefaßt. Die dennoch vorhandenen geringfügigen Abweichungen sind auch zu einem Teil auf
Meßfehler beim Auswerten der Netzlinienproben sowie auf die mit
der Berechnungsweise verbundenen Interpolationen zurückzuführen. Bei
der gewählten Parameterkombination (2 α = 24°, φ = 0,23) steigen die berechneten Vergleichsformänderungsgeschwindigkeiten am Einlauf in die kegelstumpfförmige Düse über dem gesamten Probenquerschnitt fast

gleichmäßig an. Danach treten dann deutliche Unterschiede auf.
Während entlang der Probenlängsachse die Formänderungsgeschwindigkeiten bis zu ihrem Größtwert kontinuierlich anwachsen und
danach wieder abfallen, erfolgt am Außenrand nach der ersten
Werkstoffumlenkung eine vorübergehende, geringfügige Abnahme
der Formänderungsgeschwindigkeiten, welche dann wiederum im
Bereich der zweiten Umlenkung zu ihrem absoluten Höchstwert
ansteigen. Am Düsenaustritt sinken die Formänderungsgeschwindigkeiten sehr schnell bis auf Null ab. Diese Tendenz setzt in
der Probenmitte bereits ein, wenn noch nicht einmal die Hälfte der Schulterzone durchflossen ist. Bei durch Verjüngen vorverfestigten Proben (Bild 11 d) ergibt sich grundsätzlich eine
ähnliche Verteilung der Vergleichsformänderungsgeschwindigkeiten. Jedoch werden in diesem Fall, infolge der ungleichen Festigkeitsverteilung im Rohteil, die Stellen mit geringerer Vorverfestigung im Bereich der Probenmitte sichtbar intensiver an
der Umformung beteiligt. Der Einfluß des Matrizenöffnungswinkels auf die Verteilung der Vergleichsformänderungsgeschwindigkeiten geht aus den Bildern 11 a bis 11 c hervor. Der Verlauf
der Linien gleicher Vergleichsformänderungsgeschwindigkeiten
ist bei $2\,\alpha = 12°$ und $2\,\alpha = 24°$ am Ein- und Auslauf qualitativ
ähnlich. Wegen der verringerten Werkstoffumlenkung liegt beim
kleineren Winkel eine insgesamt gleichmäßigere Verteilung der
Vergleichsformänderungsgeschwindigkeiten vor. Auch bleiben infolge der Streckung der Umformzone die Werte betragsmäßig etwas kleiner. Die Vergrößerung des Winkels auf $2\,\alpha = 36°$ bewirkt ein Zusammenrücken der Linien gleicher Vergleichsformänderungsgeschwindigkeiten. Neben der stärkeren Umlenkung
kommt in diesem Fall, wie aus Bild 11 c zu ersehen ist, noch
hinzu, daß der Werkstoff schon vor Eintritt in den Schulterbereich verformt wird. Dadurch verschiebt sich der Beginn der
Umformzone in den zylindrischen Kopfteil des Werkstücks, wobei nun die größten Vergleichsformänderungsgeschwindigkeits-
werte schon vor dem Eintritt in die eigentliche Düse erreicht
werden. Die Verteilung der Linien gleicher Vergleichsformänderungsgeschwindigkeiten bei unterschiedlichen Querschnittsabnahmen geht aus Bild 12 hervor. Während bei den Umformgraden
$\varphi = 0{,}10$; $\varphi = 0{,}23$ und $\varphi = 0{,}36$ (Bilder 12 b, 12 c und 12 d)

ein weitgehend ähnliches Verhalten vorliegt, wird der Werkstoff
beim Umformgrad $\varphi = 0,05$ ebenfalls schon vor dem Eintritt in
den eigentlichen Schulterbereich verformt. Dieser Effekt kommt
hier sehr deutlich zum Ausdruck, da die Formänderungsgeschwindigkeiten am Außenrand um ein Mehrfaches größer sind als in der
Probenmitte.

Ausgehend von den Vergleichsformänderungsgeschwindigkeiten,las-
sen sich die Vergleichsformänderungen entsprechend Gleichung
(17) berechnen. Diese Ergebnisse sind in den Bildern 13 bis 16
dargestellt. Bei den Matrizenöffnungswinkeln $2\,\alpha = 12°$ und
$2\,\alpha = 24°$ (Bild 13) beginnen die Formänderungen am Düseneinlauf,
während dies beim Winkel $2\,\alpha = 36°$ wegen der schon erwähnten
Wulstbildung bereits früher geschieht. An den Stellen hoher
Vergleichsformänderungsgeschwindigkeiten, z. B. den Zonen star-
ker Werkstoffumlenkung, steigen die Vergleichsformänderungen
dann naturgemäß sehr schnell an. Dies führt zu einer ungleichen Verteilung der Vergleichsformänderungen über dem gepreßten Werkstückquerschnitt. Entlang der Längsachse, wo keine
Schiebungen auftreten, stimmen die Werte mit denen, berechnet
aus dem Umformgrad $\varphi = \ln A_0/A_1$, ziemlich genau überein. Die
Formänderungen steigen aber mit zunehmendem Abstand von der
Probenmitte aus an, und zwar umso steiler je größer der Matrizenöffnungswinkel ist. Dabei können am Außenrand Werte auftreten, die das Doppelte des aus der Änderung der Querschnittsflä-
chen berechneten Umformgrades betragen.
Deshalb ist neben dem Umformgrad auch der Matrizenöffnungswinkel als
Kenngröße zur Beurteilung der Formänderungen beim Verjüngen
heranzuziehen. Der Einfluß der Querschnittsänderung auf die Verteilung der Vergleichsformänderungen geht aus Bild 14 hervor.
Für die Umformgrade $\varphi = 0,10$; $\varphi = 0,23$ und $\varphi = 0,36$ ergibt sich
danach ein qualitativ ähnliches Ergebnis, wobei mit zunehmender
Querschnittsänderung im Verhältnis größere Formänderungen zu-
stande kommen. Bei dem sehr kleinen Umformgrad $\varphi = 0,05$ treten
allerdings, ebenso wie bei den Formänderungsgeschwindigkeiten,
infolge des Wulstes am Außenrand in bezug auf die Probenmitte
sehr viel höhere Werte auf.

Für das Berechnen der Vergleichsformänderungen beim zweistufigen Verjüngen wurden die Proben im ersten Arbeitsgang einheit-

lich umgeformt (φ = 0,28; 2 α = 24°). In der zweiten Umformstufe wurde dann bei konstantem Umformgrad (φ = 0,23) der
Matrizenöffnungswinkel zwischen 2 α = 12° und 2 α = 36°
variiert (Bild 15). Nach der ersten Umformstufe lag im Schaft
der aus den Bildern 13 und 14 bereits bekannte Verlauf der Vergleichsformänderungen vor. Da die Formänderungen in der zweiten Stufe auf den bereits vorliegenden aufbauen, führt dies für
den Bereich der zweiten Umformzone von vornherein zu einer ungleichen Verteilung der Vergleichsformänderungen. Durch den
insgesamt aber ähnlichen Verlauf der Linien gleicher Vergleichsformänderungsgeschwindigkeiten beim Umformen vorverfestigter
und weichgeglühter Proben erhält man im zweifach verjüngten
Schaft Vergleichsformänderungen, die betragsmäßig etwa der Sum-
me der Formänderungen aus den beiden Einzelvorgängen entsprechen.

Sehr anschaulich geht die Zunahme der Vergleichsformänderungen
über dem Schaftquerschnitt aus Bild 16 hervor. Es ist dort zu
erkennen, daß die Vergleichsformänderungen bei konstantem
Matrizenöffnungswinkel und unterschiedlichen Umformgraden nahezu äquidistant mit größerem Abstand von der Längsachse aus ansteigen. Eine Ausnahme bildet dabei, wie schon erwähnt, das
Fließverhalten beim sehr kleinen Umformgrad φ = 0,05. Dort ist
der Werkstoff am Außenrand derart intensiv an der Umformung beteiligt, daß höhere Vergleichsformänderungen als bei der nächst
größeren Querschnittsabnahme erreicht werden. Bei unterschiedlichen Matrizenöffnungswinkeln steigen die Formänderungen von
der Probenmitte aus, wo sie nahezu identisch sind, zum Außenrand hin fächerartig an. Für den Winkel 2 α = 36 ° liegen die
Werte dabei über dem gesamten Querschnitt etwas höher, was auf
die Wulstbildung am Düseneinlauf zurückzuführen ist. Auch für
die zweistufig verjüngten Werkstücke ergibt sich ein ähnliches
Ergebnis. Nur steigen dort die Kurven ungefähr um das Ausmaß
der Vorverfestigung steiler an. Auch ist anzumerken, daß die
Wulstbildung an vorverfestigten Proben bei 2 α = 36 ° deutlich
weniger ausgeprägt ist als bei weichgeglühten Proben.

2.2   Analytische Beschreibung der Geschwindigkeitsverteilung

Für die plastizitätstheoretische Behandlung von Umformvorgängen
nach dem Verfahren der oberen Schranke oder zur Bestimmung der
Vergleichsformänderungen auf rein analytischem Wege wird den
Berechnungen ein angenommenes, kinematisch zulässiges Geschwindigkeitsfeld zugrundegelegt. Dabei sind an der Oberfläche des
betrachteten Körpers die Randbedingungen richtig zu erfassen.
Bei inkompressiblen Werkstoffen muß zusätzlich die Kontinuitätsgleichung

$$\frac{\partial v_r}{\partial r} + \frac{v_r}{r} + \frac{\partial v_z}{\partial z} = 0 \tag{18}$$

an jeder Stelle des rotationssymmetrischen Strömungsfeldes erfüllt
sein.

Wie aus den experimentellen Untersuchungen über das Fließverhalten hervorging (s. Abschnitt 2.1.1), liegt beim Verjüngen,
nachdem der Schulterbereich mit Werkstoff ausgefüllt ist, bis
zum Vorgangsende ein quasistationärer Fließzustand vor. Dieser
Anteil des Umformvorganges läßt sich mit einem einzigen Geschwindigkeitsfeld beschreiben. Aufgrund der vorliegenden Ro-
tationssymmetrie sowie der im Verhältnis zum Voll-Vorwärts-
Fließpressen kleinen Umformgrade sowie Matrizenöffnungswinkel
kann dies mit sehr guter Genauigkeit angesetzt   werden. Im
Schrifttum werden hierfür im Rechenaufwand unterschiedliche
Ansätze für das Geschwindigkeitsfeld sowie für die Begrenzung
der Umformzone vorgestellt.

AVITZUR beschreibt in [28] eine Geschwindigkeitsverteilung
(s. auch Abschnitt 1.1), bei der die örtlichen Geschwindigkeiten auf die gedachte Kegelspitze der Düse gerichtet sind und
die Begrenzungsflächen der Umformzone, ausgehend von Kugelflächen, unter dem Gesichtspunkt des geringsten Leistungsbedarfs
variiert werden können.

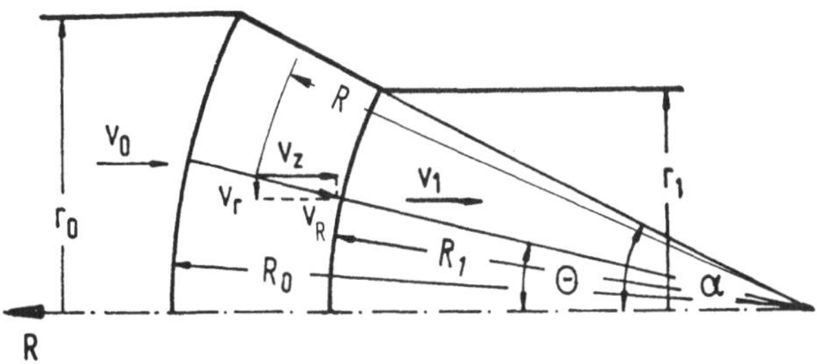

Für die Grenzkurven der Umformzone gibt der Autor folgende
Beziehungen an:

$$R_O = \frac{r_O}{\sin\alpha} (1 - k (\alpha - \Theta))$$ (19 a)

und

$$R_1 = \frac{r_1}{\sin\alpha} (1 - k (\alpha - \Theta)).$$ (19 b)

Je nach Betrag und Vorzeichen der Größe k lassen sich die Grenzen der Umformzone verändern. Die örtlichen Geschwindigkeiten
in diesem Bereich können davon unabhängig mit Hilfe der Konti-
nuitätsgleichung(18) bestimmt werden

$$v_R = - v_O \frac{R_O^2}{R^2} (\cos\Theta + \frac{\sin\Theta}{R_1} \frac{dR}{d\Theta}).$$ (20)

NAGPAL [29] begrenzt die Umformzone ebenfalls durch variier-
bare Flächen. Allerdings setzt er das Geschwindigkeitsfeld
nicht direkt an, sondern leitet es von einer Stromfunktion, die
den Werkstofffluß in der Düse beschreibt, ab.

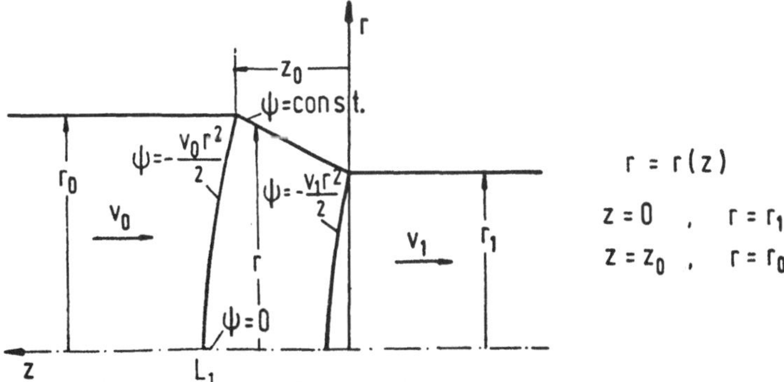

Für Vorgänge mit axialsymmetrischem Formänderungszustand kann
man ein Geschwindigkeitsfeld angeben, das überall die Kontinuitätsgleichung erfüllt. Für die Geschwindigkeitskomponenten
gelten danach die Gleichungen

$$v_r = \frac{1}{r} \frac{\partial \psi}{\partial z} \qquad\qquad\qquad (21\ a)$$

und

$$v_z = - \frac{1}{r} \frac{\partial \psi}{\partial r} \ . \qquad\qquad\qquad (21\ b)$$

Zur Berechnung der Stromfunktion wird der Ansatz

$$\psi_{(r,z)} = \sum_{i=1}^{n} b_i \cdot \varphi_i{}_{(r,z)} \qquad\qquad (22)$$

$$\text{mit } \varphi_{i(r,z)} = \eta^i \text{ und } \eta_{(r,z)} = r/r(z)$$

gewählt, der für $\psi_{(r,z)}$ nur Glieder zweiter und vierter Ordnung
enthält. Die Unbekannten lassen sich durch Einsetzen der Randbedingungen an den Begrenzungsflächen bestimmen. Für die Stromfunktion führt dies zu der Gleichung

$$\psi_{(r,z)} = \frac{v_o}{2} \ r_o{}^2 \ \left(- \frac{r^2(L_1)}{r_o{}^2} \cdot \eta^2 + \left(\frac{r^2(L_1)}{r_o{}^2} - 1 \right) \cdot \eta^4 \right) , \qquad (23)$$

in der über die Größe $r^2(L_1)/r_o{}^2$ die Begrenzung der Umformzone
verändert werden kann.

Ein verhältnismäßig einfacher Ansatz zur Beschreibung der Geschwindigkeitsverteilung beim Verjüngen geht von den folgenden
Grundgedanken aus [32] :

    1. Die Resultierende aus Axial- und Radialgeschwindig-
       keitskomponente ist an jeder Stelle der Umformzone
       auf die gedachte Kegelspitze der Düse gerichtet.

    2. Die Axialgeschwindigkeitskomponenten v_z sind über
       dem Querschnitt konstant.

3. Die Umformzone wird durch ebene Flächen am Düsenein-
   und Düsenaustritt begrenzt.

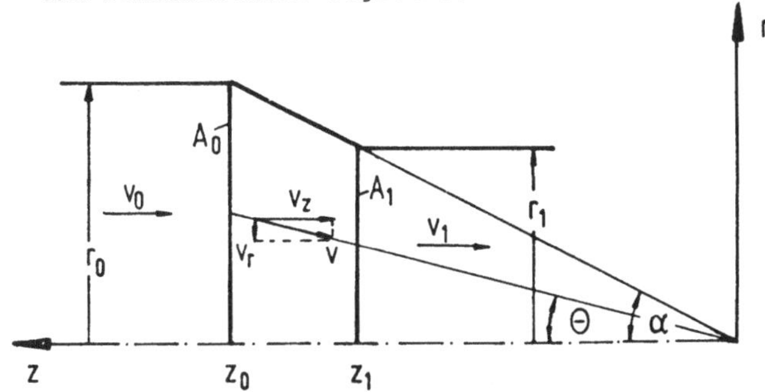

Unter Berücksichtigung der getroffenen Annahmen führt dies für
die Axialgeschwindigkeitskomponente zu

$$v_z = \frac{v_0 \, r_0{}^2}{z^2 \, \tan^2\alpha} \qquad . \qquad\qquad (24\ a)$$

Die Geschwindigkeitskomponente in radialer Richtung erhält man
entsprechend dazu über die Kontinuitätsgleichung (18) (Herleitung siehe Anhang)

$$v_r = \frac{v_0 \, r_0{}^2 \, r}{z^3 \, \tan^2\alpha} \qquad . \qquad\qquad (24\ b)$$

2.2.1   Verfahren der oberen Schranke

Das Verfahren der oberen Schranke beruht auf den Extremalprin-
zipien der Misesschen Plastizitätstheorie [24]. Es besteht auf
diese Weise die Möglichkeit, Werte für die Umformkraft zu ermitteln, von denen man weiß, daß sie von den tatsächlich auftretenden Kräften nicht überschritten werden. Wendet man das
Verfahren der oberen Schranke für einen Umformvorgang an, so
dient als Grundlage der Berechnung ein kinematisch zulässiges
Geschwindigkeitsfeld (s. Abschnitt 2.2).

Durch die analytische Beschreibung des Geschwindigkeitsfeldes
werden die Gleichgewichtsbedingungen verletzt, und zwar umso
mehr, je schlechter das angenommene mit dem tatsächlichen Geschwindigkeitsfeld übereinstimmt. Dies bedeutet, daß das Ge-

schwindigkeitsfeld, das die geringste,berechnete Umformleistung erfordert, dem wirklichen Geschwindigkeitsfeld am nächsten kommt. Die für das Verjüngen aufzubringende Umformleistung setzt sich aus drei Anteilen zusammen. Diese sind:

die ideelle Umformleistung P_{id},
die Schiebungsleistung P_{sch} sowie
die Reibleistung P_R.

Aus diesen Teilleistungen [1] kann durch Division mit der Werkzeuggeschwindigkeit die Preßkraft berechnet werden

$$F_{ges} = \frac{P_{id} + P_{sch} + P_R}{v_W} . \tag{25}$$

Der Anteil der ideellen Umformleistung wird benötigt, um ein Körperelement mit dem Ausgangsquerschnitt A_o verlustfrei auf einen Endquerschnitt A_1 umzuformen. Es gilt:

$$P_{id} = \int_V k_f \sqrt{\frac{2}{3} (\dot{\varepsilon}_r^2 + \dot{\varepsilon}_\vartheta^2 + \dot{\varepsilon}_z^2 + 2 \dot{\varepsilon}_{rz}^2)} \, dV . \tag{26}$$

Infolge der Forderung nach Volumenkonstanz müssen am Übergang vom starren Bereich in die Umformzone die Geschwindigkeitskomponenten senkrecht zur Bereichsgrenze übereinstimmen, während der Werkstoff parallel zu diesen Grenzen unterschiedliche Geschwindigkeiten haben kann. Hiermit ist an diesen Stellen ein Abscheren gegeben, wofür die sogenannte Schiebungsleistung zu erbringen ist. Für die Schubfließgrenze k kann nach [1] der Wert $k_f / \sqrt{3}$ gesetzt werden

$$P_{sch} = \int_{A_{sch}} k \, |v_{rel}| \, d A_{sch} . \tag{27}$$

Die Reibung entsteht im Kontaktbereich zwischen Werkstück und Matrize.Für die Relativbewegung zwischen diesen Körpern muß die Reibleistung erbracht werden

$$P_R = \int\limits_{A_R} \tau_R \, |v_{rel}| \, dA_R, \tag{28}$$

wobei die Reibschubspannungen über das Coulombsche Reibgesetz
zu bestimmen sind. Dabei wird angenommen, daß die Flächenpressungen in der Größenordnung der Fließspannung liegen. Unter
Zugrundelegung der analytisch formulierten Geschwindigkeits-
verteilungen sowie der Fließgesetze (15 a bis 15 d) besteht
nun die Möglichkeit, die Umformkraft rechnerisch zu erfassen.
Während dies mit den Geschwindigkeitsansätzen nach AVITZUR und
NAGPAL nur in Form einer Näherungsrechnung durchführbar ist,
kann nach dem zuletzt vorgestellten Geschwindigkeitsfeld der
Kraftbedarf formelmäßig direkt angegeben werden (Herleitung
siehe Anhang). Danach ergibt sich für die ideelle Umformkraft
mit einer mittleren Fließspannung zur Berücksichtigung der
Verfestigung

$$F_{id} = \frac{8A_o \, \varphi \, k_{fm}}{9\tan^2\alpha} \left(\sqrt{(1 + \tfrac{3}{4}\tan^2\alpha)^3} - 1 \right), \tag{29}$$

wobei diese Formel für die beim Verjüngen vorkommenden Matrizenöffnungswinkel vereinfacht werden kann zu

$$F_{id} = 1{,}01 \, A_o \, k_{fm} \, \varphi \, . \tag{30}$$

Die Relativgeschwindigkeit am Düseneintritt sowie am Düsenaustritt zur Berechnung der Schiebungsleistung erhält man aus
Gleichung (24 b). Damit ergibt sich für die Schiebungskraft

$$F_{sch} = 0{,}77 \, A_o \, k_{fm} \, \tan\alpha \, . \tag{31}$$

Aus der Berechnung der Reibkraft folgt:

$$F_R = \frac{2A_o \, k_{fm} \, \varphi \, \mu}{\sin 2\alpha} \, . \tag{32}$$

Mit diesen drei Teilkräften (30), (31) und (32) läßt sich die
für das Verjüngen erforderliche Umformkraft nach dem Verfahren
der oberen Schranke formelmäßig direkt angeben

$$F = A_o \, k_{fm} \left[\varphi \left(1{,}01 + \frac{2\mu}{\sin 2\alpha}\right) + 0{,}77 \, \tan\alpha \right], \tag{33}$$

wie es für die Verfahren der Kaltmassivumformung bisher nicht
bekannt war.

In Bild 17 sind unter Zugrundelegung der drei vorgestellten
Geschwindigkeitsfelder die berechneten Kräfte einander gegenübergestellt. Daraus geht hervor, daß der von NAGPAL vorgeschlagene Ansatz über die Stromfunktion im gezeigten Parameterbereich durchweg etwas höhere Werte liefert und die Kurven,
berechnet nach den beiden anderen Theorien, weitgehend gleich
verlaufen und erst bei Winkeln $2\,\alpha > 30°$ zu unterschiedlichen
Ergebnissen führen. Die Gleichungen (24a) und (24b) sind deshalb
für die analytische Beschreibung der Geschwindigkeitsverteilung
wegen des geringeren Rechenaufwands am günstigsten.

2.2.2 Analytische Berechnung der Vergleichsformänderungen

Ausgehend von den in Abschnitt 2.2 analytisch formulierten Ge-
schwindigkeitsfeldern, besteht die Möglichkeit, die örtlichen
Vergleichsformänderungen auf rein analytischem Weg zu bestimmen. Den Berechnungen wird wiederum das mit den Gleichungen
(24 a) und (24 b) beschriebene Geschwindigkeitsfeld zugrundegelegt. Der Rechengang entspricht der Vorgehensweise in Abschnitt
2.1.2. Über die einzelnen Formänderungsgeschwindigkeiten (15 a)
bis (15 d) folgt für die Vergleichsformänderungsgeschwindigkeit
nach Gleichung (16)

$$\dot{\varepsilon}_v = \frac{v_o\, r_o^{\,2}}{z^3 \tan^2 \alpha}\ \sqrt{4 + 3\tan^2 \Theta}\ . \tag{34}$$

Daraus lassen sich die Vergleichsformänderungen gemäß Formel
(17) bestimmen

$$\varepsilon_v = \sqrt{1 + \frac{3}{4}\tan^2 \Theta}\ \varphi . \tag{35}$$

Am Ein- und Austritt aus der Umformzone wird der Werkstoff zusätzlich infolge der getroffenen Annahmen abgeschert. Die Ra-
dialgeschwindigkeiten steigen dort sprunghaft von Null auf einen
endlichen Wert an und umgekehrt. Formelmäßig erfährt der Werkstoff an diesen Begrenzungsflächen der Umformzone jeweils die
Vergleichsformänderungen (Herleitung siehe Anhang)

$$\varepsilon_v = \tan \Theta\ /\ \sqrt{3}\ . \tag{36}$$

Damit liegt im umgeformten Schaft eine Verteilung der Vergleichsformänderungen vor, die mit der Beziehung

$$\varepsilon_v = \sqrt{1 + \frac{3}{4}\frac{r}{r_1}\tan\alpha} \;\; \varphi + \frac{2}{\sqrt{3}}\frac{r}{r_1}\tan\alpha \qquad (37)$$

beschrieben werden kann. Für den Bereich der Schaftlängsachse
(r = 0) entsprechen die Vergleichsformänderungen dem Umformgrad.
Sie steigen,von dort ausgehend,zum Außenrand hin kontinuierlich
an. Für die Berechnung der Vergleichsformänderungen an mehrstu-
fig verjüngten Werkstücken sind die Formänderungsanteile aus
den einzelnen Umformstufen zu addieren. In Bild 18 sind die
Vergleichsformänderungen,berechnet nach Gleichung (37),aufge-
zeichnet. Ein Vergleich mit den in Bild 16 gezeigten Werten ergibt, daß die Ergebnisse, ausgenommen die Fälle mit Wulstbildung, recht gut übereinstimmen. Vornehmlich am Außenrand aber
sind die Vergleichsformänderungen,berechnet nach (37),betrags-
mäßig etwas größer. Dies ist mit den Grundgedanken des Misesschen Extremalprinzips zu erklären, wonach das tatsächliche Geschwindigkeitsfeld einen geringeren Energiebedarf hat als die
analytisch beschriebenen und somit diese Berechnungsart der
Vergleichsformänderungen zu etwas höheren Werten führt.

2.3   Berechnung der örtlichen Spannungen

Für die Berechnung des örtlichen Spannungszustandes wurde das
von STECK entwickelte,numerische Näherungsverfahren nach der
Methode der kleinsten Fehlerquadrate [23,33] zugrundegelegt.Hier-
zu werden allgemeine, in freien Parametern variable Ansätze
für die Geschwindigkeits- und Spannungsverteilung angenommen.
Diese Ansätze müssen in dem betrachteten Gebiet die Kontinuitätsgleichung (18), sowie die Gleichgewichtsbedingungen

$$\frac{\partial\sigma_r}{\partial r} + \frac{\partial\tau_{rz}}{\partial z} + \frac{\sigma_r - \sigma_\vartheta}{r} = 0\,, \qquad (38\ a)$$

$$\frac{\partial\tau_{rz}}{\partial r} + \frac{\partial\sigma_z}{\partial z} + \frac{\tau_{rz}}{r} - 0 \qquad (38\ b)$$

erfüllen. Die Formänderungsgeschwindigkeiten sowie die Spannungen werden dann näherungsweise über die Komponenten des von
Misesschen Stoffgesetzes ermittelt.

$$\dot{\varepsilon}_r = \lambda \, (\sigma_r - \sigma_m), \qquad\qquad\qquad (39\ a)$$

$$\dot{\varepsilon}_\vartheta = \lambda \, (\sigma_\vartheta - \sigma_m), \qquad\qquad\qquad (39\ b)$$

$$\dot{\varepsilon}_z = \lambda \, (\sigma_z - \sigma_m), \qquad\qquad\qquad (39\ c)$$

$$\dot{\varepsilon}_{rz} = \lambda \tau_{rz}. \qquad\qquad\qquad (39\ d)$$

Zur Lösung dieses Gleichungssystems werden Strom- und Spannungsfunktionen eingeführt. Bei der Wahl dieser Funktionen empfiehlt es sich, möglichst einfache Polynome unter Berücksichtigung der beim Verjüngen gegebenen Rand- und Symmetriebedingungen aufzustellen. Zum Berechnen des Geschwindigkeitsfeldes wird der Ansatz

$$\psi = \psi_0 \, \frac{r^2}{r^*_{(z)}{}^2} + (r^2 - r^*_{(z)})^2) \sum_{i=1}^{I} \sum_{j=1}^{J} A_{ij} \, r^{2i} \cdot z^j \qquad (40)$$

gewählt, wobei $r^*_{(z)}$ die Berandung des Werkstücks beschreibt.

Die Geschwindigkeitskomponenten in axialer und radialer Richtung werden entsprechend den Gleichungen (21 a) und (21 b) angegeben, damit bleibt die Volumenkonstanz an jeder Stelle der Umformzone gewahrt. Mit den Ableitungsvorschriften (15 a) bis (15 d) ergeben sich daraus die Formänderungsgeschwindigkeiten zu:

$$\dot{\varepsilon}_r = -\frac{1}{r^2} \cdot \frac{\partial \psi}{\partial z} + \frac{1}{r} \cdot \frac{\partial^2 \psi}{\partial z \, \partial r}, \qquad\qquad (41\ a)$$

$$\dot{\varepsilon}_\vartheta = -\frac{1}{r^2} \cdot \frac{\partial \psi}{\partial r}, \qquad\qquad\qquad (41\ b)$$

$$\dot{\varepsilon}_z = +\frac{1}{r} \cdot \frac{\partial^2 \psi}{\partial r \, \partial z}, \qquad\qquad\qquad (41\ c)$$

$$\dot{\varepsilon}_{rz} = \frac{1}{2} \left[\left(\frac{1}{r^2} \cdot \frac{\partial \psi}{\partial r} \right) - \left(\frac{1}{r} \cdot \frac{\partial^2 \psi}{\partial r^2} \right) + \left(\frac{1}{r} \cdot \frac{\partial^2 \psi}{\partial z^2} \right) \right]. \qquad (41\ d)$$

Für die Berechnung des Spannungsfeldes werden folgende Funktionen angesetzt:

$$\emptyset = \sum_{k=1}^{K} \sum_{l=1}^{L} B_{kl} \cdot r^{2k+1} \cdot z^{L-1}, \qquad\qquad (42\ a)$$

$$\varkappa = \sum_{p=1}^{P} \sum_{q=1}^{Q} C_{qp} \cdot r^{2p-1} \cdot z^{q-1} . \tag{42 b}$$

Ebenso gibt es Beziehungen für die einzelnen Spannungskomponenten, die die Gleichgewichtsbedingungen (38 a) und (38 b) an jedem Körperelement erfüllen. Diese Ableitungsvorschriften lauten:

$$\sigma_r = \frac{1}{r} \cdot \frac{\partial^2 \psi}{\partial z^2} + \frac{\varkappa}{r} , \tag{43 a}$$

$$\sigma_\vartheta = \frac{\partial \varkappa}{\partial r} , \tag{43 b}$$

$$\sigma_z = \frac{1}{r} \cdot \frac{\partial^2 \cdot \varnothing}{\partial r^2} , \tag{43 c}$$

$$\tau_{rz} = - \frac{1}{r} \cdot \frac{\partial^2 \cdot \varnothing}{\partial r \, \partial z} . \tag{43 d}$$

Damit reduziert sich die Zahl der Unbekannten von sechs auf drei. Die Bestimmung der Parameterkombination A_{ij}, B_{kl} und C_{pq} (Gleichungen (40), (42 a) und (42 b)), mit der sich die beste Näherungslösung ergibt, wird nach der Methode der kleinsten Fehlerquadrate vorgenommen. Die dabei gewählte Vorgehensweise wird in [23] ausführlich beschrieben.

Die berechneten Spannungen sind für den weichgeglühten Werkstoff QSt 32-3, normiert auf den Wert $k_{f(\varphi = 1)} = 1$ N/mm², in Bild 19 gezeigt. Wie daraus zu ersehen ist, liegt ein allseitiger Druckspannungszustand vor. Die Axialspannungen haben aufgrund der kopfseitigen Einleitung der Umformkraft ihren Größtwert am Eintritt in den Schulterbereich. Von dort aus nehmen sie zum Düsenaustritt hin bis auf Null ab, da dort der Werkstoff frei aus der Matrize austritt. Die Verteilung der Radial- und Tangentialspannungen ist nahezu einander gleich. Mit fortschreitender Umformung wachsen diese Spannungen fast gleichmäßig über dem gesamten Probenquerschnitt an und fallen zum Düsenaustritt hin wieder etwas ab. Schubspannungen treten aus Symmetriegründen in der Probenmitte nicht auf. Sie steigen

aber mit zunehmendem Abstand von der Längsachse an und erreichen ihre Höchstwerte im Bereich der zweiten Werkstoffumlenkung. An der Kontaktfläche zum Werkzeug sind die Schubspannungen ungefähr um das 10fache kleiner als die jeweiligen Radialspannungen, was einem Reibwert von $\mu \approx 0,1$ entspricht. Aus
Bild 20 gehen die über die Querschnittsfläche gemittelten Span-
nungsverläufe für unterschiedliche Umformgrade hervor. Wie daraus
zu erkennen ist, nehmen die Axialspannungen am Düseneintritt mit
größerer Querschnittsänderung ungefähr linear zu. Bei Beginn
des Umformvorgangs sind die Radial- bzw. Tangentialspannungen
gemäß der Forderung der Fließbedingung einheitlich um den
Wert der Anfangsfließspannung größer als die Axialspannungen.
Während des Umformens wird diese Spannungsdifferenz infolge der
Verfestigung stetig größer. Bei einem Matrizenöffnungswinkel
$2\,\alpha = 24°$ ergibt sich betragsmäßig ein ähnliches Bild der Spannungsverteilung. Nur sind dort die Linien gleicher Spannungen
wegen der kürzeren Umformzone enger zusammengedrängt. Für noch
größere Matrizenöffnungwinkel ($2\,\alpha > 30°$) lieferte das angewandte Rechenverfahren keine brauchbaren Ergebnisse mehr, da
das zugrundegelegte Geschwindigkeitsfeld mit dem tatsächlichen
nicht mehr übereinstimmt.

3   Kraftbedarf

Die möglichst genaue Kenntnis des Kraftbedarfs ist beim Verjüngen außer für eine optimale Maschinenauswahl bzw. Werkzeugauslegung in erster Linie zur Überprüfung der Durchführbarkeit
des Verfahrens an sich von Wichtigkeit. Denn es besteht eine
enge Wechselbeziehung zwischen der Größe der auftretenden Stempelkraft und den Versagensfällen Aufstauchen bzw. Ausknicken
des Rohteiles. Aus diesem Grund waren im Rahmen dieser Arbeit
umfangreiche experimentelle Untersuchungen über den Kraftbedarf
erforderlich.

3.1   Versuche

3.1.1   Versuchsprogramm

Die Stempelkraft hängt beim Verjüngen ebenso wie bei anderen
Umformverfahren von einer ganzen Reihe von Faktoren ab. Bei den
Untersuchungen über den Kraftbedarf wurden deshalb alle bedeu-
tenden Parameter in den Versuchsplan einbezogen und in dem für
das Verjüngen technisch interessanten Bereich variiert. Im einzelnen wurden die folgenden Größen überprüft:

        Werkstückstoff, Gefügezustand, Rohteilabmessungen, Um-
        formgrad, Matrizenöffnungswinkel, Stempelauftreffge-
        schwindigkeit und Oberflächenbehandlung.

Die dabei gewählten Parameterkombinationen sind in Tabelle 3
angegeben. Im Rahmen der geplanten Versuche wurde zum Teil die
Verfahrensgrenze durch Aufstauchen der Rohteile erreicht, aus
diesem Grund konnten nicht alle im Versuchsplan vorgesehenen
Messungen ausgewertet werden.

Die gemessenen Kräfte unterliegen allerdings Fehlern. Diese
werden unter anderem durch Maßabweichungen bzw. Festigkeits-
schwankungen der Rohteile, Anzeigefehler der Meßgeräte sowie
Beobachtungsfehler bei der Auswertung der Protokolle usw. verursacht. Um diese Einflüsse bei der Versuchsdurchführung weitgehend ausgleichen zu können, wurden für jede zu untersuchen-
de Parameterkombination 5 Proben gepreßt.

3.1.2   Versuchsergebnisse

3.1.2.1 Kraft-Weg-Verlauf

Der Verjüngvorgang beginnt mit einer instationären Phase,
während der zunächst die Matrize mit Werkstoff ausgefüllt wird.
Dabei steigt die Preßkraft sehr schnell an,und zwar umso steiler je größer der Matrizenöffnungswinkel ist. Sobald der Schulterbereich des Werkstücks ausgebildet ist, stellt sich der
gleichbleibende, quasistationäre Fließzustand ein. Von da an
bleibt der Kraftbedarf bis zum Vorgangsende hin fast konstant.
Es ergeben sich dadurch für das Verjüngen Kraft-Weg-Kurven
(Bild 21) mit näherungsweise rechteckigem Verlauf.
In der Regel sind für die Verfahrensanwendung aber nur die größte,wäh-
rend des Pressens auftretende Stempelkraft sowie der aufzubringende Arbeitsbedarf von Bedeutung. Die Größtkraft wird beim
Verjüngen gewöhnlich zu Beginn des Umformvorgangs erreicht,
nach Abschluß des instationären Anteils. Bei großen Matrizenöffnungswinkeln ($2\,\alpha > 40°$) kann jedoch ein zweites und unter
Umständen etwas größeres Kraftmaximum am Ende des gesamten Vorgangs auftreten. Dieser nochmalige Kraftanstieg kurz vor Vorgangsende wird von der bei großen Matrizenöffnungswinkeln ein-
setzenden Wulstbildung hervorgerufen. Die Änderungen des Kraftbedarfs während des stationären Teiles des Preßvorganges sind
jedoch verhältnismäßig gering. Sie reichten bei den durchgeführten Messungen mit zinkphosphatierten und beseiften Rohteilen bis
zu höchstens 5%, bezogen auf die Maximalkraft.

Bei der weiteren Auswertung der während der Versuche in Abhängigkeit von der Zeit aufgezeichneten Kraftverläufe wurde deshalb zur Verminderung des Auswertungsaufwandes nur die jeweilige Größtkraft festgehalten. Der für einen Preßvorgang erforderliche Arbeitsbedarf entspricht der Fläche, die von der jeweiligen Kraft-Weg-Kurve eingeschlossen wird. Diese Fläche
kann beim Verjüngen, aufgrund der vorliegenden Rechteckform,
auf sehr einfache Weise durch das Produkt aus Stempelkraft und
Umformweg bestimmt werden.

3.1.2.2 Rohteilabmessungen

Mit Sicherheit haben die Abmessungen des umzuformenden Rohteiles
den stärksten Einfluß auf die Größe der Stempelkraft. Dabei sind
für das Verjüngen ausschließlich die Querschnittsmaße von Bedeutung, da im Gegensatz zum Voll-Vorwärts-Fließpressen keine Auf-
nehmerreibung zu überwinden ist. In Bild 22 ist der Zusammenhang zwischen Kraftbedarf und Werkstückdurchmesser gezeigt.
Unabhängig von den gewählten Randbedingungen steigt die Stempelkraft mit größer werdendem Schaftdurchmesser parabelförmig
an. Einer Verdoppelung des Durchmessers entspricht ungefähr eine
Vervierfachung der Preßkraft. Im Gegensatz dazu bleibt die auf
die Rohteilquerschnittsfläche bezogene Stempelkraft nahezu
konstant. Die geringfügigen Abweichungen des Kraftbedarfs bei
den Preßversuchen mit den sehr dünnen Rohteilen (d_1 = 5 mm)
sind auf die bei den verhältnismäßig kleinen Umformkräften rela-
tiv größere Meßunsicherheit zurückzuführen. Diese Ergebnisse
bestätigen, daß die Modellgesetze für das Verjüngen bezüglich
des Kraftbedarfs erfüllt sind. Es erscheint deshalb vorteilhaft,
stets auf die Rohteilquerschnittsfläche bezogene Stempelkräfte anzugeben, um Aussagen allgemeingültiger Art, besonders
auch in Hinsicht auf die Verfahrensgrenzen, zu ermöglichen.

3.1.2.3 Preßgeschwindigkeit

Die Versuche zur Bestimmung des Geschwindigkeitseinflusses auf
den Kraftbedarf wurden bei unterschiedlichen Hubzahlen
(n = 2 Hübe/min, 12 Hübe/min und 25 Hübe/min) durchgeführt. Aufgrund der einheitlichen Rohteillänge sowie der gewählten Hub-
einstellung ergaben sich daraus Preßgeschwindigkeiten bei Vor-
gangsbeginn von V_A = 30 mm/s, 180 mm/s und 370 mm/s (Bild 3).
Diese Geschwindigkeiten fallen gemäß der Antriebscharakteristik
der Kurbelpresse kontinuierlich bis zum Ende des Umformvorgangs auf Null ab. Dieser Geschwindigkeitsbereich repräsentiert
die Gruppe der hydraulischen sowie der mechanisch weggebundenen
Pressen, wie sie überwiegend für die Kaltmassivumformung eingesetzt werden.
Bei der Auswertung dieser Versuche konnte auf der Grundlage von
über 120 Messungen je Hubzahl keine einheitliche Tendenz in der

Beeinflussung des Kraftbedarfs durch die Werkzeuggeschwindigkeit festgestellt werden. Ein repräsentativer Teil dieser Ergebnisse ist in Bild 23 gezeigt.

Im Fachschrifttum finden sich ebenfalls unterschiedliche Angaben über den Einfluß der Preßgeschwindigkeit auf den Kraftbedarf. Allgemein wird aber in Übereinstimmung bemerkt, daß die Bedeutung der Geschwindigkeit gegenüber anderen Vorgangskenngrößen zurücktritt. PAWELSKI [19] stellte beim Einstoßen von Stahl einen Anstieg der Preßkraft mit höheren Umformgeschwindigkeiten fest, wobei die Kraft entsprechend der Fließspannung zunahm.

PUGH [25] kam dagegen beim Voll-Vorwärts-Fließpressen zu ähnlichen Ergebnissen wie den hier vorliegenden. Er erhielt einerseits durch Erhöhung der Preßgeschwindigkeit im Stauchversuch bis zu 10 % höhere Fließspannungswerte, während beim Voll-Vorwärts-Fließpressen die erforderliche Preßkraft im Mittel um ca. 4 % abnahm. Dieses Verhalten begründet der Autor mit der stärkeren Erwärmung der Proben beim Voll-Vorwärts-Fließpressen mit höheren Umformgeschwindigkeiten. Beim Verjüngen ist das Ausmaß der Wärmeentwicklung jedoch insgesamt nicht sehr groß, wie aus Bild 24 zu ersehen ist. Die Temperaturen wurden jeweils sofort nach dem Pressen mit einem Kontaktthermometer an der Schaftoberfläche gemessen. Durch Erhöhen der Preßgeschwindigkeit konnten dabei lediglich Temperaturzunahmen von bis zu $\Delta T = 10°C$ festgestellt werden. Einen weitaus stärkeren Einfluß auf die Wärmeentwicklung üben der Umformgrad und die Fließspannung aus. Unter der Annahme, daß die Umformung weitgehend homogen abläuft, läßt sich die Temperaturzunahme näherungsweise aus diesen beiden Kenngrößen berechnen [1]. Da beim Verjüngen die Querschnittsabnahmen aber begrenzt sind, kann bei Werkstücken aus gebräuchlichen Kaltpreßstählen die Temperaturerhöhung kaum mehr als 50°C betragen. Diese Erwärmung ist aber noch zu gering, um einen merkbaren Einfluß auf die Fließspannung auszuüben. Wenn dennoch mit zunehmender Stempelgeschwindigkeit ein leichter Anstieg der Fließspannung im Stauchversuch nicht aber der Preßkraft beim Verjüngen zu verzeichnen ist, kann dies nur mit einer Verbesserung der Reibverhältnisse bei höheren Relativgeschwindigkeiten erklärt werden.

3.1.2.4 Matrizenöffnungswinkel

In den Bildern 25 bis 27 ist jeweils in der linken Bildhälfte die Abhängigkeit der bezogenen Stempelkraft vom Matrizenöffnungswinkel für die drei Versuchswerkstoffe gezeigt. Aus diesen Schaubildern geht in Übereinstimmung der überraschend starke Einfluß des Matrizenöffnungswinkels auf den Kraftbedarf hervor. Die Kurven steigen entsprechend den Modellvorstellungen der Plastizitätstheorie aufgrund des zunehmenden Anteils der Schiebungen ab $2\,\alpha > 30°$ sehr steil an. Dieser Kraftanstieg wird aber auch durch den bei diesen Matrizenöffnungswinkeln am Übergang vom Werkstückkopf zum Schulterbereich entstehenden Wulst verursacht. Die Wulstbildung bewirkt sowohl eine Vorverfestigung des Ausgangswerkstoffs als auch eine Erhöhung des tatsächlichen Umformgrads. Bei sehr kleinen Schulterwinkeln $2\,\alpha < 10°$ zeichnet sich wegen der vergrößerten Reibfläche zwischen Werkstück und Matrize ebenfalls ein Kraftanstieg ab, der speziell bei den größeren Umformgraden deutlich in Erscheinung tritt.
Infolge der in ihren Auswirkungen stark gegenläufigen Tendenzen entsteht ein ausgeprägtes Preßkraftminimum in Abhängigkeit vom Matrizenöffnungswinkel. Wie aus den Bildern 25 bis 27 zu ersehen ist, verschiebt sich dieses Minimum unabhängig vom Werkstoff bzw. von der Rohteilfestigkeit mit zunehmendem Umformgrad zu etwas höheren Werten. Bei den hier durchgeführten Versuchen mit zinkphosphatierten und beseiften Rohteilen ergaben sich optimale Matrizenöffnungswinkel bis zu $2\,\alpha_{opt} \approx 25°$.

3.1.2.5 Umformgrad

Die Abhängigkeit des Kraftbedarfs vom Umformgrad ist, wie zu
erwarten war, eindeutig. In der jeweils rechten Bildhälfte
der Bilder 25 bis 27 ist der Zusammenhang zwischen der bezogenen Stempelkraft und dem Umformgrad aufgezeigt. Der sehr steile
und nahezu lineare Anstieg der Kurven ist speziell bei den
weichgeglühten Werkstoffen neben der Beeinflussung durch den
Umformgrad auch zu einem Teil auf die bei kleinen Formänderungen
starke Zunahme der Fließspannung zurückzuführen. Dadurch können
auch die geringfügigen Unterschiede im Anstieg der einzelnen
Kurven über dem Umformgrad erklärt werden, da sich die Versuchswerkstoffe in ihrem Verfestigungsverhalten etwas unterscheiden.
Ferner ist dieser Darstellung zu entnehmen (Bilder 25 bis 27),
daß bei den durchgeführten Versuchen ab einem Umformgrad $\varphi \approx 0,2$
mit einem Matrizenöffnungswinkel 2 α = 24° geringere Preßkräfte
benötigt werden als mit 2 α = 12°. Dies ist, wie schon beschrieben wurde, auf die Verschiebung des optimalen Matrizenöffnungswinkels zu größeren Werten mit zunehmendem Umformgrad zurückzuführen.

3.1.2.6 Mechanische Eigenschaften des Rohteiles

Als Werkstoffkennwerte zur Beschreibung der mechanischen Eigenschaften wurden die Rohteilhärte bzw. die mittlere Fließspannung
herangezogen. Die Abstufung der Kennwerte wurde durch unterschiedliche Gefügezustände (walzhart, weichgeglüht, vorverfestigt) der
Versuchswerkstoffe erreicht. Der Einfluß der mechanischen Eigenschaften auf den Kraftbedarf geht aus Bild 28 hervor. In beiden
Fällen steigt die bezogene Stempelkraft mit zunehmendem Kennwert
an. Während bei der Zugrundelegung der mittleren Fließspannung ein linearer
Zusammenhang vorliegt, sind bei der Verwendung der Rohteilhärte als
Kennwert zum Teil beachtliche Abweichungen festzustellen. Diese Streuungen sind darauf zurückzuführen, daß die Rohteilhärte
das Verfestigungsverhalten des Werkstoffs nur in einem begrenz-
ten Bereich ausdrückt. Mit der mittleren Fließspannung als
Werkstoffkennwert wird dagegen die Verfestigung über dem gesamten
Vorgang, gemäß dem jeweiligen Umformgrad, berücksichtigt.

3.1.2.7 Oberflächenbehandlung

Für das Kaltmassivumformen von niedrig- bzw. unlegierten
Stählen werden die Rohteile normalerweise mit einer Zinkphosphatschicht als Schmierstoffträger überzogen. Die Wahl des
eigentlichen Schmierstoffs hängt im wesentlichen von der
Werkstückform und den herrschenden Flächenpressungen ab. Für
mittlere Drücke bis 1500 N/mm² und bei einfacher Werkstückgeometrie
empfiehlt es sich schon aus Kostengründen, Metallseifen anzuwenden [30]. Das Verjüngen ist aber in der Regel in mehrstufige Verfahrensfolgen integriert. Es kann deshalb aus technischen
Gründen der Zwang bestehen, auch andere Schmierstoffe einzusetzen.

Im Rahmen einer Versuchsreihe wurde deshalb die Abhängigkeit
des Kraftbedarfs von unterschiedlichen Oberflächenbehandlungs-
zuständen geprüft. Da beim Kaltpressen häufig mehrere Arbeitsgänge hintereinander ohne Zwischenbehandlung erfolgen, wurde
die Kraft beim zweistufigen Verjüngen im zweiten Arbeitsgang gemessen. Dabei wurden die Matrizenöffnungswinkel in der zweiten
Stufe variiert. Die gewählten Parameterkombinationen gehen aus
Bild 29 b hervor. Wie daraus zu entnehmen ist, bewirkt das
Schmieren vor jedem Arbeitsgang eine sichtbare Verringerung der
Preßkraft. Der geringste Kraftbedarf ergab sich durch Besprühen
mit MoS_2-Gleitlack. Auch ist eine veränderte Abhängigkeit der
Stempelkraft vom Matrizenöffnungswinkel durch die unterschiedlichen Reibbedingungen zu erkennen. Bei den durchgeführten Ver-
suchen verschob sich das Preßkraftminimum mit zunehmendem Reibwert von 2 α_{opt} = 16° bis zu 2 α_{opt} = 25°. Dieser Sachverhalt
läßt sich auch plastizitätstheoretisch belegen. Durch partielle
Differentiation der Kraftberechnungsformel (33) nach dem Matrizenöffnungswinkel und Nullsetzen ergibt sich der nachstehende
Zusammenhang:

$$\cot \alpha_{opt} - \sqrt{\frac{0{,}77}{\mu\,\varphi} + 1} \;. \tag{44}$$

Unter Zugrundelegung dieser Beziehung besteht nun die Möglichkeit, für die untersuchten Schmierzustände den jeweiligen Reibwert näherungsweise zu bestimmen (Bild 29 a). Die danach ermit-

telten Reibwerte liegen für die unterschiedlichen Schmierbedingungen zwischen $\mu = 0,06$ und $\mu = 0,18$. Wie aus Bild 29 c zu
erkennen ist, steigt die Stempelkraft mit zunehmendem Reibwert
nahezu linear an,und zwar umso steiler je größer die Kontaktfläche zwischen Werkzeug und Werkstück ist.

3.2 Kraftberechnung

3.2.1 Berechnung mit den im Schrifttum angegebenen Formeln

Die nach den in Abschnitt 1.1 berechneten normierten bezogenen
Stempelkräfte sind unter Zugrundelegung einer mittleren Fließspannung
$k_{fm} = 1$ N/mm² sowie den von den Autoren jeweils angegebenen Reib-
werten in den Bildern 30 und 31 aufgezeichnet. Bild 30 zeigt zunächst die Abhängigkeit der bezogenen Stempelkraft vom Matrizenöffnungswinkel bei einem Umformgrad von $\varphi = 0,23$. Daraus geht
deutlich hervor, daß die einzelnen Theorien den Einfluß des
Matrizenöffnungswinkels auf die Stempelkraft recht unterschiedlich erfassen. Nach Beziehung (4) nimmt die bezogene Stempelkraft mit größer werdendem Winkel stetig zu. Der gegenteilige
Effekt ergibt sich nach Gleichung (9). Gemäß Formel (6) bleibt
die Stempelkraft konstant. Dagegen führen die Gleichungen (1),
(5), (8) und (10) zwischen $2\,\alpha = 10°$ und $2\,\alpha = 30°$ zu einem
Preßkraftminimum.
Der Zusammenhang zwischen der bezogenen Stempelkraft und dem
Umformgrad geht aus Bild 31 hervor. Wie daraus entnommen werden
kann, wird der Einfluß des Umformgrads auf den Kraftbedarf von
den einzelnen Theorien ähnlich erfaßt. Mit einer Zunahme des
Umformgrades ist ein steiler, nahezu linearer Anstieg der Preßkraft verbunden. Der Darstellung in Bild 31 ist allerdings ein
idealplastischer Werkstoff zugrunde gelegt, d. h. die durch
das Kaltumformen von Stahl hervorgerufene Werkstoffverfestigung
fand bei der Berechnung keine Berücksichtigung, so daß in
Wirklichkeit eine noch stärkere Erhöhung der Stempelkraft in
Abhängigkeit vom Umformgrad zu erwarten ist.
In den Bildern 30 und 31 sind zusätzlich die gemessenen Kräfte, ebenfalls normiert auf eine mittlere Fließspannung
$k_{fm} = 1$ N/mm², eingezeichnet. Die mittlere Fließspannung wurde
hierfür, wie von den Autoren angegeben, aus dem arithmetischen

Mittelwert von Anfangsfließspannung und Fließspannung bei Vorgangsende berechnet. Dieser Vergleich zeigt, daß keiner der Rechenansätze den Einfluß des Matrizenöffnungswinkels, speziell bei größeren Winkeln, richtig beschreibt. Auch liegen die berechneten Werte zum Teil erheblich zu tief.

3.2.2 Eigene Ansätze zur Kraftberechnung

3.2.2.1 Kraftberechnung mit dem Verfahren der oberen Schranke

Für die quantitative Bestimmung des Kraftbedarfs nach dem Verfahren der oberen Schranke (s. Abschnitt 2.2.1) sind neben den aus der Werkstückgeometrie gegebenen Größen, die mittlere Fließspannung sowie der Coulombsche Reibwert in die Berechnungsformel einzusetzen. Eine näherungsweise Ermittlung des Reibwerts für einen bestimmten Oberflächenbehandlungszustand kann gemäß den Ausführungen in Abschnitt 3.1.2.7 erfolgen. Danach ist beim Verjüngen zinkphosphatierter und beseifter Rohteile unabhängig vom Umformgrad für niedrig- bzw. unlegierte Stähle ein mittlerer Reibwert von $\mu = 0{,}08$ der Rechnung zugrundezulegen.

Die Festlegung der mittleren Fließspannung wird häufig nach der Faustformel

$$k_{fm} = (k_{fo} + k_{f1})/2 \tag{45}$$

vorgenommen, da die mathematisch exakte Berechnung

$$k_{fm} = \frac{1}{\varphi} \int_0^{\varphi} k_f \, d\varphi \tag{46}$$

oft zu aufwendig erscheint. In Bild 32 sind die mittleren Fließspannungen für die drei weichgeglühten Versuchswerkstoffe über dem Umformgrad aufgetragen. Daraus ist zu entnehmen, daß die Faustformel (45) vor allem bei größeren Umformgraden deutlich zu kleine Werte liefert. Deshalb ist in diesem Schaubild eine zusätzliche, bisher selten angewandte Möglichkeit zur näherungsweisen Bestimmung der mittleren Fließspannung

$$k_{fm} = k_f \left(\frac{\varphi}{2} \right) \qquad\qquad (47)$$

angegeben, wonach man allerdings um knapp 5 % zu hohe Fließspannungswerte erhält. Bei der Anwendung von Näherungsformeln
ist aber Gleichung (47) Vorzug zu geben, da sich auf diese Weise sichtbar genauere Werte für die mittlere Fließspannung ergeben, die darüber hinaus auf der sicheren Seite liegen.

Ein Vergleich der berechneten Kräfte mit den im Versuch gemessenen Werten zeigt eine sehr gute Übereinstimmung (Bild 33).
Bis zu Matrizenöffnungswinkeln 2 α < 25° verlaufen die Kurven-
züge nahezu äquidistant, wobei die Rechenwerte geringfügig zu
hoch liegen. Bei größeren Matrizenöffnungswinkeln steigen die
tatsächlichen Kräfte jedoch infolge der dann beginnenden Wulstbildung merklich steiler als die Rechenwerte an. Für diesen
Bereich (2 α > 30°) liefert das Verfahren der oberen Schranke
keine verwertbaren Ergebnisse mehr. Wie weiter aus Bild 33
hervorgeht, liegen auch bei sehr kleinen Umformgraden (φ < 0,10)
die Rechenwerte teilweise etwas zu niedrig. Dies ist ebenfalls
auf die dort einsetzende Wulstbildung zurückzuführen, deren Auswirkungen auf den Kraftbedarf aber ungleich kleiner sind, so
daß das Rechenverfahren bei kleinen Matrizenöffnungswinkeln
(2 α < 30°) ohne Einschränkung angewandt werden kann.

3.2.2.2 Kraftberechnung mit analytischen Gleichungen

Der Kraftbedarf kann unter Zugrundelegung experimentell ermit-
telter Daten abhängig von seinen wichtigsten Einflußgrößen,
in Form analytischer Gleichungen erfaßt werden. PUGH gibt in
[25] eine derartige Kraftberechnungsformel für das Voll-Vorwärts-
Fließpressen an. Diese berücksichtigt neben der Rohteilhärte
noch den Umformgrad

$$\bar{p}_{St} = 47 \, H^{0,75} \cdot \varphi^{0,80} \, [\text{N/mm}^2] \, . \qquad\qquad (48)$$

Die Konstanten werden dazu durch Ausgleichsrechnung nach dem
Gaußschen Prinzip der Methode der kleinsten Fehlerquadrate [31]
bestimmt. Ein möglichst genauer Ansatz zur Berechnung der bezo-

genen Stempelkraft für das Verjüngen sollte, wie es sich bei
den experimentellen Untersuchungen zeigte, zusätzlich den Matrizenöffnungswinkel sowie eine die Reibung beschreibende Kenngröße berücksichtigen. Allgemeingültige Aussagen über die auftretenden Reibverhältnisse sind jedoch schwierig zu treffen.
Deshalb wird diese Einflußgröße indirekt durch die Kontaktfläche zwischen Werkstück und Werkzeug ausgedrückt. Der Ausgleichsrechnung wurden alle Meßwerte aus Parameterkombinationen mit
Matrizenöffnungswinkeln 2 α > 30° zur Verfügung gestellt, um
speziell den Bereich, in dem das Verfahren der oberen Schranke
keine brauchbaren Ergebnisse mehr liefert, mit dieser Formel
zu repräsentieren. Dabei ergab sich folgender Zusammenhang:

$$\bar{p}_{St} = 0{,}61 \cdot 10^{-2} \cdot H^{0,62} \cdot \varphi^{0,26} \cdot (2\alpha°)^{1,92} \cdot \left(\frac{\pi \, (r_o^{\,2} - r_1^{\,2})}{\sin \alpha} \right)^{0,30} \quad [\text{N/mm}^2]. \quad (49)$$

Mit diesem Ansatz kann die bezogene Stempelkraft bei einer
durchschnittlichen Abweichung von ± 7 % für Matrizenöffnungswinkel 30° < 2α < ca. 45° berechnet werden. In Bild 34 sind die Rechenwerte den gemessenen gegenübergestellt. Es zeigt sich eine über
dem gesamten Parameterbereich durchaus ausreichende Übereinstimmung, obwohl diese Theorie keine physikalisch direkt be-
gründete Grundlage hat.

4   Verfahrensgrenzen

In der Umformtechnik spricht man vom Erreichen einer Verfahrensgrenze, wenn ein Vorgang nicht mehr ohne Beschädi-
gung des Werkzeugs oder des Werkstücks durchgeführt werden
kann. Derartige Versagensfälle sind beim Kaltmassivumformen
in der Regel durch das Erschöpfen des Formänderungsvermögens des Werkstückwerkstoffs oder durch Überbeanspruchung
des Werkzeugs gegeben [34]. Der begrenzte Einsatzbereich
des Verjüngens ist im wesentlichen verfahrensspezi-
fisch begründet. Die eingeschränkten Anwendungsmöglichkeiten
beruhen auf der gegebenen Werkzeuganordnung (Bild 2 b), bei
der die Einleitung der aufzubringenden Umformkraft über das
nicht in der Preßbüchse abgestützte Rohteil erfolgt. Dadurch
kann sich das Werkstück bei zu hoher Belastung schon vor Eintritt in die kegelstumpfförmige Schulterzone verformen. Je
nach den geometrischen Abmessungen kann das Rohteil dabei
aufstauchen oder ausknicken. In den folgenden Abschnitten
werden die Ergebnisse der experimentellen Untersuchungen zur
Überprüfung dieser Verfahrensgrenzen vorgestellt und mit
Rechenwerten verglichen. Ein zusätzlicher Fehler kann beim
mehrstufigen Verjüngen in der Zentralbruchbildung seine Ursache
haben. In diesem Fall entstehen während des Austritts des
Werkstoffs aus der Umformzone von außen nicht visuell fest-
stellbare Risse, die von der Probenlängsachse ausgehen und
die Bauteilfestigkeit des Werkstücks erheblich mindern.

4.1   Plastische Verformung des Rohteils durch Aufstauchen

Werkstückversagen durch Aufstauchen tritt dann ein, wenn die
für das Verjüngen erforderliche bezogene Stempelkraft die
Größe der Anfangsfließspannung erreicht. In diesem Fall beginnt sich das Rohteil bereits zwischen Stempel und Matrize
plastisch zu verformen. Es kommt zu einem Umformvorgang mit
ungesteuertem Stofffluß, wobei gemäß dem Prinzip des geringsten Widerstands der Werkstoff einerseits durch die Matrizen-
bohrung gedrückt und andererseits zwischen Stempel und Matrize gestaucht wird. Durch die dabei hervorgerufene Durchmes-

servergrößerung wird der Energieaufwand für das eigentliche
Verjüngen immer höher, bis dieser Teilvorgang schließlich
ganz zum Erliegen kommt und das Werkstück nur noch gestaucht
wird. Um diesen Versagensfall ausschließen zu können, sind
deshalb die Vorgangsparameter so zu wählen, daß die bezogene
Stempelkraft stets kleiner als die Anfangsfließspannung des
Rohteilwerkstoffes bleibt

$$\overline{p}_{St} < k_{fo}. \tag{50}$$

4.1.1 Versuche

Die Festlegung der Parametergrößen zur experimentellen Ermittlung der Verfahrensgrenze durch Aufstauchen erfolgte
unter Zugrundelegung von Schrifttumsangaben sowie den gewonnenen Erfahrungen aus den experimentellen Untersuchungen
über den Kraftbedarf. Die gewählten Parameterkombinationen
gehen aus den Bildern 35 bis 37 hervor. Es standen jeweils
drei gleiche Versuchsproben zur Verfügung. Diese lagen in
weichgeglühtem Zustand, zinkphosphatiert und beseift mit
einer Länge von l_O = 80 mm vor. Die Stempelauftreffgeschwin-
digkeit betrug v_A = 30 mm/s. Der Schaftdurchmesser lag einheitlich bei d_1 = 10 mm. An den Rohteilen wurde vor dem Umformen der Durchmesser mit der Mikrometerschraube geprüft
und jeweils mit dem Durchmessermaß in der Kopfmitte nach
dem Pressen verglichen. Zeigten sich dabei Maßänderungen
Δd > 0,03 mm, so wurde dies als Versagensfall durch Aufstauchen gewertet.

Auf der Grundlage der überprüften Preßteile (Bilder 35 bis
37) wurde für die einzelnen Parameterkombinationen zwischen
Versagen durch Aufstauchen, teilweisem Versagen durch Aufstauchen und fehlerfrei unterschieden. Darüber hinaus ist in
diesen Darstellungen mit einem Kurvenzug die Verfahrensgrenze durch Aufstauchen angegeben, wie sie aus den experimentellen Untersuchungen zum Kraftbedarf unter Zugrundelegung
von Gleichung (50) hervorgeht. Der angelegte Bereich berücksichtigt dabei die Schwankungen bei der Messung der Anfangsfließspannung. Aus den drei Bildern zeigt sich eine nahezu voll-

kommene Übereinstimmung zwischen den konkreten Versuchsergebnissen und der Kurve nach Formel (50). Die Anwendungsgren-
zen verlaufen für die drei Versuchswerkstoffe ähnlich. Die be-
tragsmäßigen Abweichungen der Grenzkurven untereinander sind
auf das unterschiedliche Verfestigungsverhalten der Versuchswerkstoffe zurückzuführen. Die größten Umformgrade lagen für die
weichgeglühten Proben zwischen $\varphi = 0,28$ und $\varphi = 0,36$. Sie wurden
durchweg bei Matrizenöffnungswinkeln $2\,\alpha \approx 20°$ erzielt. Bei
größeren Winkeln nehmen die Anwendungsmöglichkeiten für das Verjüngen sehr schnell ab. Mit einem Matrizenöffnungswinkel
$2\,\alpha = 60°$ konnte nicht einmal mehr ein Umformgrad von $\varphi = 0,05$
erreicht werden.

4.1.2 Rechnerische Bestimmung

Die Vorhersage der maximal erreichbaren Querschnittsänderung
ist auch auf rechnerischem Wege möglich. Entsprechend den im
Schrifttum vorgestellten Ansätzen [13, 18] (vgl. Abschnitt 1.1)
kann dies unter Zugrundelegung der Kraftberechnungsformeln in
deren Gültigkeitsbereich durchgeführt werden. Für den Fall,
daß beim Aufstauchen des Rohteils gemäß Gleichung (50) die bezogene Stempelkraft gleich der Anfangsfließspannung wird, ergibt sich nach dem Verfahren der oberen Schranke nachstehende
Beziehung:

$$\varphi \leq \frac{k_{fo}/k_{fm} - 0,77 \tan \alpha}{1,01 + 2\mu \,/\, \sin 2\,\alpha} \cdot \tag{51}$$

Neben dem Reibwert und dem Matrizenöffnungswinkel hat danach
das Verhältnis von Anfangsfließspannung zu mittlerer Fließspannung Einfluß auf die Größe des Grenzumformgrades. Diese
den Werkstoffzustand beschreibende Größe hängt allerdings
selbst wiederum vom Umformgrad ab und erlaubt somit nur eine
näherungsweise Ermittlung der Verfahrensgrenze durch Aufstauchen. In Bild 38 ist das Verhältnis von Anfangsfließspannung
zu mittlerer Fließspannung für unterschiedliche Gefügezustände
in Abhängigkeit vom Umformgrad aufgetragen. Daraus geht für
die Versuchswerkstoffe in Übereinstimmung hervor, daß durch die
Vorverfestigung des Werkstückwerkstoffs ein für das Verjüngen

erheblich günstigerer Ausgangszustand entsteht. Es wird dadurch ein insgesamt flacherer Anstieg der Fließkurve bewirkt, was eine Erhöhung der Kenngröße k_{fo}/k_{fm} bedeutet. Auch kann aus dieser Darstellung die Ursache für den unterschiedlichen Verlauf der Grenzkurven durch Aufstauchen entnommen werden, da für die weichgeglühten Stähle das Verhältnis k_{fo}/k_{fm} mit zunehmendem Umformgrad unterschiedlich schnell abfällt. Der Versuchswerkstoff 16 MnCr 5 verhält sich dabei deutlich günstiger als Ck 45.   In den Bildern 35 bis 37 ist zusätzlich zu den Versuchsergebnissen die Verfahrensgrenze, berechnet nach (51), angegeben. Das Verhältnis von Anfangsfließspannung zu mittlerer Fließspannung wurde hierfür näherungsweise aus Bild 38 abgelesen. Es zeigt sich ein nahezu äquidistanter Verlauf der Grenzkurven, wobei die Rechenwerte entsprechend dem Grundprinzip der oberen Schranke auf der sicheren Seite liegen.

4.2 Elastische Verformung des Rohteils durch Ausknicken

Neben der Verfahrensgrenze durch plastische Deformation besteht bei schlanken Rohteilen die Gefahr des elastischen Ausknickens. Bei dieser Versagensart wird das Rohteil infolge zu hoher Belastung elastisch instabil und beginnt während des instationären Anfahrvorganges, wenn die ungeführte Länge am größten ist, seitlich auszuweichen. Um dies zu verhindern, darf die bezogene Stempelkraft den Wert der betreffenden Knickspannung nicht erreichen

$$\overline{p}_{St} < \sigma_K \, . \tag{52}$$

Die jeweils zulässige Knickspannung ist neben dem Schlankheitsgrad des Rohteils und dem Elastizitätsmodul in starkem Maße von der Werkstückführung sowie der Exzentrizität der Krafteinleitung abhängig.

4.2.1 Versuche

Zur experimentellen Untersuchung der Verfahrensgrenze durch
Ausknicken standen Rohteile von unterschiedlicher Länge, bei
einheitlichem Durchmesser (d_o = 11,20 mm), zur Verfügung.
Als Versuchswerkstoff diente der Vergütungsstahl Ck 45 in
weichgeglühtem Zustand mit einem mittleren Elastizitätsmodul
von ca. 233 000 N/mm². Es kamen Proben sowohl mit ebenen Stirnflächen als auch mit um 3° angeschrägten Stirnflächen, wie sie
sich beim Abscheren ergeben können [35, 36], zum Einsatz. Die
Rohteile wurden, wie in Abschnitt 1.2.1.1 beschrieben, in
einem auf der Matrize aufliegenden Zentrierring aufgenommen
und belastet. Die Stempelauftreffgeschwindigkeiten lagen bei
v_A ≈ 30 mm/s und v_A ≈ 400 mm/s.

In Bild 39 sind die gemessenen Knickspannungen über dem Schlankheitsgrad bzw. Rohteilverhältnis aufgetragen. Unabhängig von
der Probenform nahm die zulässige Belastung mit ansteigendem
Schlankheitsgrad ab, wobei mit höheren Stempelauftreffgeschwindigkeiten größere Belastungen möglich sind. Durch das An-
schrägen der Stirnflächen, d. h. bei außermittiger Einleitung
der Umformkraft, sank die Knickspannung erheblich. Dort war
bereits bei Rohteilverhältnissen l/d < 10 elastisches Ausknicken zu registrieren, wohingegen exakt zylindrische Rohteile erst bei doppelt so großen Schlankheitsgraden elastische
Instabilität aufwiesen. Auch konnte bei diesen Versuchen festgestellt werden, daß der Ausknickvorgang aufgrund der hohen Flächenpressungen zwischen Stempel und Rohteil nie vom oberen Stab-
ende ausging, sondern immer etwas oberhalb der Probenmitte begann.

4.2.2 Rechnerische Bestimmung

Die rechnerische Bestimmung der Knickspannung kann für zylindrische Rohteile und bei mittiger Krafteinleitung nach den Theorien
von EULER bzw. TETMAJER erfolgen [37]. EULER unterscheidet bei
schlanken Stäben zwischen vier Knickfällen. Für das Verjüngen
kommen je nach der gegebenen Werkzeuganordnung die Lastfälle
II, III oder IV zur Anwendung. Im vorliegenden Fall empfiehlt
es sich, gelenkige Lagerung am Stempel und feste Einspannung

an der Matrizenseite zugrundezulegen, da die Rohteile aufgrund
der verhältnismäßig hohen Belastungen schon,bevor die Instabilität eintritt,in den konischen Schulterbereich hineingepreßt
werden.
Danach gilt für die Knickspannung (Euler Fall III):

$$\sigma_K = 2,046\, \pi^2\, E\, /\, \lambda^2. \tag{53}$$

Der Verlauf der Knickspannung, berechnet nach (53), ist in
Bild 39 eingezeichnet.
Diese Beziehung liefert hier jedoch erst bei Schlankheitsgra-
den $\lambda > 120$, $(1/d_o > 30)$ sinnvolle Ergebnisse, da der Eulerschen
Theorie rein elastisches Werkstoffverhalten zugrundegelegt ist.
Für Stäbe mit $\lambda < 120$, $(h_0/d_0 < 30)$ ist deshalb die Theorie von
TETMAJER anzuwenden

$$\sigma_K = k_{fo} - \frac{(k_{fo} - \sigma_p)\cdot\lambda}{\pi\,\sqrt{E/\sigma_p}}. \tag{54}$$

Die Größe σ_p stellt darin die Proportionalgrenze dar, bis zu
der der Elastizitätsmodul konstant bleibt. Bei den eigenen
Messungen zeigte sich jedoch, daß der Elastizitätsmodul schon
bei kleinen Belastungen kontinuierlich geringfügig abnahm. Diese Abweichungen wurden jedoch bei Spannungsbeträgen, die mehr
als 80 % der Streckgrenze betrugen, deutlich größer. Unter Zugrundelegung dieser Erkenntnis ist in Bild 39 ebenfalls Glei-
chung (54) mit $\sigma_p = 0,8 \cdot k_{fo}$ bis $\sigma_p = 0,9 \cdot k_{fo}$ den Meßwerten
gegenübergestellt. Das Kurvenband befindet sich ebenfalls auf
der sicheren Seite gegenüber den Versuchswerten und kann somit als Grenzkurve für den zulässigen Schlankheitsgrad beim
Verjüngen gedrungener Rohteile mit ebenen Stirnflächen ange-
sehen werden.

Beim Verjüngen von Rohteilen mit unebenen Stirnflächen erfolgt
die Einleitung der Umformkraft außermittig. Schon bei vergleichs-
weise geringen Belastungen beginnen sich die geneigten Stirnflächen unter Ausnützung des Spiels im Führungsring am Stempel
anzulegen, was der Modellvorstellung einer beidseitig gelenki-
gen Lagerung entspricht. Die Berechnung der zulässigen Knickspannung ist in diesem Fall nach der Differentialgleichung der

elastischen Linie möglich [26] (siehe Anhang). Unter der Annahme von gegenüber den Stababmessungen kleinen elastischen Verformungen gilt:

$$EJw'' + F(e + w) = 0 .\tag{55}$$

Mit $V = \sqrt{F/EJ}$ lautet die Lösung dieser Differentialgleichung

$$w = e \cdot \left(\frac{\cos\left[V \cdot (\frac{l}{2} - x) \right]}{\cos(V \cdot \frac{l}{2})} - 1 \right) .\tag{56}$$

Die Integrationskonstanten wurden dabei aus den Randbedingungen ermittelt, wonach an den Stabenden keine Auslenkung stattfindet.

Aus der gegebenen Exzentrizität e der Krafteinleitung sowie der elastischen Verformung des Rohteiles kann das Biegemoment unter der Voraussetzung, daß sich diese Auswirkungen addieren, berechnet werden. Im ungünstigsten Fall erhält man dann die größte Auslenkung in der Stabmitte. Mit dieser Annahme folgt für das maximale Biegemoment:

$$M = \frac{e}{\cos\left(V \cdot \frac{l}{2}\right)} \cdot F .\tag{57}$$

Durch zusätzliches Einführen der Kernweite $k = W/A$ kann der größte zulässige Spannungswert angegeben werden

$$\sigma_{max} = \frac{F}{A} \cdot \left[1 + \frac{e/k}{\cos\left(V \cdot \frac{l}{2} \right)} \right] .\tag{58}$$

Legt man zur weiteren Vereinfachung der Rechnung einen idealplastischen Werkstoff zugrunde, so ist die Tragfähigkeit des Rohteiles erschöpft, wenn die größte Spannung den Wert der Anfangsfließspannung erreicht. Wird ferner die vorhandene Bezugsspannung F/A durch die bezogene Stempelkraft $\bar{p}_{St}$ ersetzt, so ergibt sich der zulässige Schlankheitsgrad λ in Abhängigkeit vom E-Modul, der Anfangsfließspannung, der Exzentrizität der Krafteinleitung sowie der bezogenen Stempelkraft zu

$$\lambda = 2 \cdot \sqrt{\frac{E}{\bar{p}_{St}}} \cdot \arccos\left(\frac{e/k}{\frac{k_{fo}}{\bar{p}_{St}} - 1} \right) .\tag{59}$$

Die beim Verjüngen vorkommende, nicht beabsichtigte Exzentrizität der Krafteinleitung ist in erster Linie von der konstruktiven Ausführung der Rohteilzentrierung abhängig, die sich nur schwer durch allgemeingültige Zahlenangaben erfassen läßt. Die Exzentrizität wird jedoch in der Regel den Querschnittsabmessungen proportional sein, so daß es berechtigt erscheint, für e/k einen festen Wert anzunehmen. In [26] wird hierfür $e/k = 0,1$ vorgeschlagen. Die mit diesem Wert nach Formel (59) berechneten, zulässigen Schlankheitsgrade, abhängig von der bezogenen Stempelkraft, sind in Bild 39 eingezeichnet. Es ergibt sich ein zu den Meßwerten äquidistant verlaufender Kurvenzug. Die gute Übereinstimmung der Ergebnisse legt es nahe, generell diese Formel zur Überprüfung der Vorgangsparameter anzuwenden, um Versagen durch Ausknicken ausschließen zu können.

4.3 Zentralbruchbildung

Beim Fließpressen bzw. Verjüngen von Vollkörpern können durch ungünstiges Zusammenwirken von Vorgangsparametern und Werkstoffeigenschaften periodisch angeordnete, pfeilförmige Risse entlang der Schaftlängsachse entstehen. Diese sogenannten Zentralbrüche (engl.Chevrons) sind in den meisten Fällen auf Kernseigerungen bzw. Grobzeiligkeit des Gefüges zurückzuführen [34]. Derartige Risse traten aber bei den im Rahmen dieser Arbeit umgeformten Werkstücken nicht auf. Die Überprüfung dieses Sachverhaltes erfolgte einerseits durch stichprobenweises Längsteilen der Proben sowie andererseits durch Auswerten der Kraft-Weg-Kurven, da mit der Rißentstehung jeweils ein kurzfristiger Abfall der Preßkraft verbunden ist. Die Parameterkombinationen der insgesamt durchgeführten Versuche gehen aus Tabelle 3 sowie aus den Bildern 35 bis 37 hervor. In einer weiteren Versuchsreihe wurden darüber hinaus Rohteile aus QSt 32-3 (d_o = 25 mm) durch Voll-Vorwärts-Fließpressen vorverfestigt ($2\alpha = 90°$, $\varphi = 1,31$) und daran anschließend durch zweistufiges Verjüngen ($\varphi_1 = 0,30$; $\varphi_2 = 0,23$) bei unterschiedlichen Matrizenöffnungswinkeln ($2\alpha = 12°$, $24°$, $36°$) auf einen Enddurchmesser $d_1 = 10$ mm umgeformt. Zentralbrüche entstanden auch dabei nicht. Daraus kann geschlossen werden, daß beim

1-stufigen und auch beim 2-stufigen Verjüngen von unlegierten
bzw. niedriglegierten Stählen in der   Regel keine Zentralbrüche
auftreten.

In [38] und [51] wird eine von AVITZUR vorgestellte Theorie zur
Vorhersage möglicher Zentralbrüche [18] experimentell überprüft.
Die Haupteinflußgrößen für das Zustandekommen von Rissen sind in
diesem Rechenmodell das Verfestigungsverhalten des Werkstückwerkstoffs, die Querschnittsänderung, der Matrizenöffnungswinkel sowie der Reibwert, wobei zur Vermeidung von Rissen die beiden
erstgenannten Parameter möglichst groß und die beiden anderen
möglichst klein sein sollten. Die Überprüfung der Rißentstehung
findet dabei für jede einzelne Umformstufe separat statt. Beim
Herstellen einer dreifach abgesetzten Welle aus Stahl bzw. beim
Voll-Vorwärts-Fließpressen einer aushärtbaren Aluminiumlegierung
zeigte sich eine brauchbare Übereinstimmung zwischen Theorie und
Praxis. Untersuchungen über die Zentralbruchentstehung speziell
beim mehrstufigen Verjüngen [39] machten jedoch deutlich, daß die
gesamte Umformgeschichte Einfluß auf das Ergebnis hat, wobei
Werkstücke mit zunehmendem Durchmesser rißanfälliger sind. Unter
Zugrundelegung von Versuchsergebnissen wurde von den Autoren eine
Faustformel entwickelt, wonach die Brucheinschnürung an einer dünnen Zugprobe (d_0 < 5 mm) aus der Stabmitte ein Maß für das Zustandekommen von Zentralbrüchen ist. Danach können beim Vorliegen un-
günstiger Vorgangsparameter durch mehrstufiges Verjüngen Gesamtumformgrade erreicht werden, die lediglich in der Größenordnung
der logarithmischen Brucheinschnürung (ln S_0/S_u) liegen, während
durch die Wahl günstiger Parameter die dreifachen Querschnittsabnahmen möglich sind.

5   Gebrauchseigenschaften

Die Kenntnis über die Veränderung der mechanischen und geometrischen Eigenschaften beim Kaltmassivumformen gewinnt in zunehmendem Maße an Bedeutung, da mit diesen Verfahren verstärkt
versucht wird, einbaufertige Werkstücke herzustellen. Auf
diese Weise kann die Möglichkeit bestehen, die in der Regel
kostspielige Nachbearbeitung einzusparen. Es ist deshalb bei
der Auslegung von Stadienplänen nicht mehr allein die Durchführbarkeit der einzelnen Preßvorgänge zu überprüfen. Es ist
ebenso auf die Einhaltung der gestellten Forderungen bezüglich
der Preßteilgenauigkeit bzw. -festigkeit zu achten.

5.1   Mechanische Eigenschaften

Die Kenntnis der Festigkeitskennwerte nach dem Umformen erlaubt eine beanspruchungsgerechte Auslegung der Werkstücke. Dadurch können Kaltpreßteile oftmals kleiner dimensioniert werden
oder es besteht die Möglichkeit, weichere, kostengünstigere
Ausgangswerkstoffe einzusetzen. Bei Werkstücken, die durch andere Umformverfahren wie Profillängswalzen, Gewindewalzen usw.
fertigbearbeitet werden, ist es wichtig zu wissen, ob das
Formänderungsvermögen auch für diese Arbeitsgänge ohne Zwi-
schenglühen ausreicht.

Die mechanischen Eigenschaften metallischer Werkstoffe verändern sich im allgemeinen während der Kaltumformung erheblich.
Infolge der fehlenden Rekristallisation kommt es zur sogenannten Verfestigung. Diese bewirkt ein Ansteigen der Festigkeitseigenschaften (Streckgrenze, Zugfestigkeit, Fließspannung,
Härte usw.) sowie ein Abfallen der Zähigkeitskennwerte (Bruch-
dehnung, Brucheinschnürung, Kerbschlagzähigkeit usw.). Die
Veränderung der Kennwerte hängt dabei im wesentlichen vom Ge-
füge des Ausgangswerkstoffs, von den Formänderungen sowie den
entstehenden Eigenspannungen ab [40, 41, 42]. In den beiden
nachstehenden Abschnitten werden hierzu die Ergebnisse von
Härte- und Fließspannungsmessungen an verjüngten Werkstücken
vorgestellt.

5.1.1 Fließspannung

Die Fließkurven metallischer Werkstoffe sind im allgemeinen
nur für den weichgeglühten Zustand bekannt. Sie geben Auskunft
über die Abhängigkeit der Fließspannung vom Umformgrad. Bei
mehrstufigen Fertigungsabläufen oder bei Verwendung gezogener
Ausgangswerkstoffe liegt aber bereits eine Vorverfestigung
vor. Diese muß bei der Ermittlung der Fließspannung, sei es
zur Berechnung von Verfahrenskennwerten oder zur Vorhersage
von Festigkeitseigenschaften, berücksichtigt werden.

In den Bildern 40 bis 42 sind aus dem Stauchversuch ermittelte Fließkurven des vorverfestigten Zustands der Versuchswerkstoffe gezeigt. Die Proben (d_0 = 10 mm, h_0 = 16 mm) dazu wurden aus verjüngten Schäften d_1 = 10 mm entnommen. Die Umformung hierzu wurde ein- bzw. zweistufig bei unterschiedlichen
Matrizenöffnungswinkeln (2 α = 12° bis 2 α = 42°) vorgenommen.
Die Querschnittsabnahmen nach dem Verjüngen betrugen φ = 0,10;
0,23; 0,36 sowie 0,51. Im Anschluß daran wurden diese Schaft-
abschnitte auf die Hälfte ihrer Ausgangshöhe gestaucht
(φ = 0,7), so daß sich Gesamtumformgrade von bis zu φ = 1,21
ergaben. Risse sind an den gestauchten Proben dabei nicht auf-
getreten.

Bei der Auswertung der Fließkurven war es nicht möglich, einen
exakten Wert für die Anfangsfließspannung zu bestimmen, da die
Kurven kontinuierlich aus der Hookeschen Geraden in den plastischen Bereich übergehen. Die Anfangsfließspannung wurde deshalb durch den Spannungswert bei 1 %iger Stauchung ersetzt.
Diese Fließkurven sind in den Schaubildern entsprechend dem
Ausmaß der Vorverfestigung auf der Abszisse nach rechts ver-
schoben. Zum Vergleich dazu ist jeweils die Fließkurve des
weichgeglühten Ausgangszustandes (Gleichungen 14 a bis 14 c)
mit angegeben.

Unabhängig von der Vorgeschichte zeigt sich bei den Kurven
untereinander eine recht gute Übereinstimmung der Spannungswerte. Mit zunehmender Vorverfestigung ergeben sich allerdings
gegenüber der aus dem weichgeglühten Zustand ermittelten Kurve
bis zu 10 % geringere Spannungswerte und dies, obwohl beim

Verjüngen die zu leistende, spezifische Formänderungsarbeit
deutlich größer ist als beim Stauchen. Die Fließkurven der
vorverfestigten Proben verlaufen zu Beginn fast waagrecht,
teilweise fallen sie auch geringfügig ab und beginnen erst
bei Stauchgraden $\varphi \approx 0,4$ anzusteigen. Dieses Verhalten ist auf
den Wechsel der Formänderungs- und Belastungsrichtung zurückzuführen [42].

Ursache hierfür ist der Bauschinger-Effekt. Durch die plastischen Formänderungen beim Verjüngen entstehen Gitterverzerrun-
gen, die nach Abschluß des Vorgangs zu Eigenspannungen führen.
Diese Eigenspannungen haben das gleiche Vorzeichen, wie die
äußere Belastung beim nachfolgenden Stauchen. Dadurch sind geringere Spannungen nötig, um Fließen auszulösen. Mit zunehmendem Stauchgrad werden diese Eigenspannungen wieder abgebaut.
Danach beginnt die Fließspannung aufgrund der weiter fortschrei-
tenden Verfestigung anzusteigen. Es kann deshalb davon ausgegangen werden, daß aus dem Zugversuch ermittelte Fließkurven
von verjüngten Proben um den Betrag der Eigenspannungen höher
liegen.

Der Einfluß des Matrizenöffnungswinkels auf die Vorverfestigung ist einheitlich. Größere Winkel führen gemäß den Ergebnissen aus den visioplastischen Stoffflußuntersuchungen zu
etwas höheren Werten. Diese Unterschiede werden aber mit zunehmendem Umformgrad weitgehend ausgeglichen.

5.1.2 Härteverteilung

Beim Verjüngen sind infolge der inhomogenen Formänderungsver-
teilung (siehe Abschnitt 2.1.2) auch örtlich ungleiche mechanische Eigenschaften zu erwarten. Die Verteilung der Festigkeitseigenschaften kann auf einfache Weise durch Härtemessun-
gen erfaßt werden. Für die Durchführung dieser Versuche wurden verjüngte Werkstücke entlang ihrer Längsachse abgefräst,
geschliffen und poliert. Die Härte (HV 10) wurde an den Proben im Werkstückkopf, in der Umformzone sowie im Schaft ermittelt. Dabei war es das Ziel, speziell im Bereich der Umformzone unter Beachtung des gegenseitigen Mindestabstands mög-

lichst viele Meßpunkte unterzubringen, um ein genaues Bild
über die Veränderung der Festigkeitseigenschaften zu erhalten.
Zur Untersuchung standen Proben der drei Versuchswerkstoffe
zur Verfügung, die ein- bzw. zweistufig (φ = 0,10; 0,23;
0,36 und 0,51) bei unterschiedlichen Matrizenöffnungswinkeln
(2 α = 12°, 24° und 36°) verjüngt wurden.

Ein Teil der gewonnenen Ergebnisse ist stellvertretend in
Bild 43 gezeigt. Die Darstellungen vermitteln einen generellen
Eindruck über die Härteverteilung an verjüngten Werkstücken.
Die Härte im Werkstückkopf entsprach dabei durchweg der Rohteilhärte. Dieser Sachverhalt ist verständlich, da beim Verjüngen im Gegensatz zum Voll-Vorwärts-Fließpressen dieser
Bereich vollkommen starr verbleibt. An den mit einem Matrizenöffnungswinkel 2 α = 12° verjüngten Proben (siehe linke Bildhälfte) beginnt die Härte kurz vor dem Eintritt in den kegel-
stumpfförmigen Schulterbereich über dem ganzen Querschnitt
anzusteigen. Die gleichmäßige Zunahme der Härte reicht bis fast
zum Düsenauslauf. Dort stellt sich unabhängig vom Umformgrad
auch bei diesem verhältnismäßig kleinen Matrizenöffnungswinkel
eine ungleiche Festigkeitsverteilung ein. Die Härte ist in der
Schaftmitte kleiner als am Außenrand. In der rechten Bildhälfte sind die Linien gleicher Härte für den Matrizenöffnungswinkel 2 α = 36 ° eingezeichnet. Der Werkstoff wird bei diesen
Proben schon vor der eigentlichen Umformzone infolge der
Wulstbildung am Außenrand verfestigt. Während des Umformvorgangs steigt die Härte dann entsprechend der Größe der Querschnittsänderung an. Am Düsenaustritt führt der stärkere
Schiebungseinfluß bei 2 α = 36 ° zu einem deutlich steileren
Anstieg der Härte über dem Schaftradius.

Eine Gegenüberstellung der Linien gleicher Härte (Bild 43) mit
der Verteilung der Vergleichsformänderungen (Bilder 13, 14 und
15) verdeutlicht die Ähnlichkeit der Kurvenverläufe. Dieser
Zusammenhang wurde von WILHELM auch beim Voll-Vorwärts-Fließpressen festgestellt [27]. Es wurde deshalb versucht, die örtliche
Härte den berechneten Vergleichsformänderungen zuzuordnen (Bild 44).
Die gewonnenen Kurven weisen einen gleichartigen Verlauf wie die

Fließkurven der weichgeglühten Versuchswerkstoffe (Bild 5)
auf. Es war deshalb naheliegend, die Abhängigkeit der örtlichen
Härte von der Vergleichsformänderung ebenfalls formelmäßig
zu erfassen. Durch Ausgleichsrechnung ergaben sich die folgenden Ansätze:

$$\text{QSt 32-3} \qquad \text{HV 10} = 175 \; \varepsilon_v^{0,186}, \qquad (60\ a)$$

$$\text{16 MnCr 5} \qquad \text{HV 10} = 256 \; \varepsilon_v^{0,126}, \qquad (60\ b)$$

$$\text{Ck 45} \qquad \text{HV 10} = 275 \; \varepsilon_v^{0,106}. \qquad (60\ c)$$

Auffallend dabei ist, daß die hier ermittelten Exponenten betragsmäßig nahezu dem jeweiligen Verfestigungsexponenten n aus
den Gleichungen 14 a bis 14 c entsprechen. Dies bedeutet, daß
die Härte und die Fließspannung fast gleichmäßig ansteigen. Es
bietet sich daher die Möglichkeit, den Zusammenhang zwischen
Härte und Fließspannung analytisch festzuhalten, da er nur
unwesentlich vom Ausmaß der Kaltumformung beeinflußt wird. Bei
den untersuchten Werkstoffen gilt näherungsweise in dem Bereich $0,1 < \varepsilon_v < 0,7$

$$k_f \approx 3,31 \; \text{HV 10} \; [\text{N/mm}^2] . \qquad (61)$$

Für das Verhältnis zwischen der Streckgrenze bzw. der Zugfestigkeit und
der Härte wurden bei anderen Untersuchungen [42 und 43] durchweg Kennwerte in der gleichen Größenordnung gefunden. Es wurde dabei festgestellt, daß bei kleinen Formänderungen
$\varphi = 0,1$ bis $\varphi = 0,2$ der jeweilige Umrechnungsfaktor zunächst
etwas abfällt und dann wieder ansteigt. Bei kleinen Formänderungen
überwiegt demnach der Anstieg der Härte gegenüber der Zugfestigkeit; bei größeren Formänderungen ist es umgekehrt.

5.2   Geometrische Eigenschaften

5.2.1 Maßgenauigkeit

Absolute Maßgenauigkeit ist in der Fertigungstechnik nicht er-
reichbar. Die erzeugten Werkstücke weichen von den geforder-
ten Qualitätsmerkmalen innerhalb gewisser Toleranzen ab.
Dabei hängt es in starkem Maße von den gewählten Herstellungs-
verfahren ab, wie genau die jeweiligen Abmessungen einhaltbar
sind. In diesem Zusammenhang sind die Schwankungen, denen die
einzelnen Verfahrensparameter während der Fertigung unterworfen sind, von wesentlichem Einfluß auf die Werkstückgenauigkeit. Es sind dies bei den Verfahren der Kaltmassivumformung
vor allem Unterschiede der Werkstoffeigenschaften, der Roh-
teilmasse, der Schmierwirkung, des Federungsverhaltens von
Maschine bzw. Werkzeug sowie der Werkzeugverschleiß [44].

Im Rahmen der hier an den verjüngten Werkstücken durchgeführten Messungen wurden ausschließlich die werkzeugbedingten
Durchmessermaße festgehalten, da die maschinengebundenen Ab-
standsmaße nur bedingt auf andere Anwendungsfälle übertragbar
sind. Schaftdurchmesser und Werkzeuginnenmaß in kaltem Zustand
stimmen beim Verjüngen im Normalfall nicht überein. Die Abweichungen zwischen den Werkzeug- und Werkstückabmessungen werden,
wie dies von LEYKAMM in [52] experimentell nachgewiesen wurde,
hauptsächlich durch die während des Pressens stattfindende
elastische Auffederung des Matrizenverbundes (siehe auch Abschnitt 1.2.1.1) verursacht. Im Dauerbetrieb überlagert sich
noch die thermische Ausdehnung des Werkzeugs. In Bild 45 sind
die mit einer Mikrometerschraube geprüften Schaftdurchmesser
der verjüngten Proben in Abhängigkeit vom Umformgrad und Matrizenöffnungswinkel angegeben. Bei der Durchführung der Messungen
waren mit der Mikrometerschraube in keinem Fall Durchmesser-
änderungen über der Schaftlänge eines Werkstücks festzustellen.
Auch stimmten die Durchmesser der Proben, die bei gleicher Parameterkombination umgeformt wurden, untereinander überein. Dagegen betrugen die Abweichungen der Durchmesser vom Sollmaß
zum Teil bis zu 4 ‰ . Mit höherer Rohteilfestigkeit und zunehmendem Umformgrad wird diese Tendenz verstärkt, während
größere Matrizenöffnungswinkel aufgrund einer Verringerung der

Druckraumhöhe das Gegenteil bewirken.

Für die Berechnung des elastischen Verhaltens einer Matrize
sind neben deren Abmessungen und Festigkeit die Kontaktnormal-
spannungen in der Wirkfuge zwischen Werkstück und Werkzeug,
das bezogene Haftmaß und die Druckraumhöhe von Bedeutung [45
und 46]. Beim Verjüngen mit seinen vornehmlich kleinen Matrizenöffnungswinkeln liegt die Beanspruchung der Matrize in der
Größenordnung der im Werkstück herrschenden Radialspannungen.
In den Bildern 19 und 20 sind diese, berechnet nach dem Fehlerabgleichverfahren (siehe Abschnitt 2.3), angegeben. Wie aus
den Darstellungen in Bild 20 zu entnehmen ist, kann die mittlere Radialspannung beim Verjüngen größenordnungsmäßig nach
der Beziehung

$$\sigma_r = \frac{\overline{p}_{St} + k_{fo} + k_{f1}}{2} \tag{62}$$

berechnet werden. Neben den Werkstoffkennwerten hat nach Gleichung (62) die bezogene Stempelkraft Einfluß auf die Werkzeug-
belastung. Der Kraftbedarf bleibt beim Verjüngen, wie aus den
Kraft-Weg-Kurven (Bild 21) zu ersehen ist, konstant. Auch än-
dert sich die Druckraumhöhe während des Vorgangs nicht. Dadurch ergeben sich die beim Verjüngen im Gegensatz zum Voll-
Vorwärts-Fließpressen über der Schaftlänge gleichbleibenden
Durchmessermaße.

Ein Vergleich der an den Versuchsproben geprüften Maße mit den
im Schrifttum angegebenen, einhaltbaren Maßabweichungen für das
Voll-Vorwärts-Fließpressen [34, 46, 47 und 52] zeigt, daß die
hier festgestellten Abweichungen nur etwa halb so groß sind. Dabei ist es möglich, die elastische Ausdehnung der Preßbüchse
schon bei der Werkzeugauslegung zumindest zum Teil zu berücksichtigen.

In [20] wird über die Durchbiegung verjüngter Schäfte berichtet. Bei dieser Untersuchung wurde neben anderem der Einfluß
unterschiedlicher Matrizenformen auf die Werkstückgenauigkeit
überprüft. Die besten Ergebnisse erhielt man dabei mit Matrizen, die nach dem Kalibrierbereich einen zylindrischen Frei-
schliff aufwiesen, mit einem um 0,10 mm bis 0,15 mm größeren

Durchmesser. Auch führten längere Kalibrierbereiche sowie größere Rohteildurchmesser zu besserer Werkstückgenauigkeit. Kalibrierbereichshöhen von bis zu $h_k = 0,7\ d_O$ bzw. $h_k = 0,4\ d_O$ trugen bei den Werkstückdurchmessern $d_O = 15$ mm bzw. $d_O > 26$ mm zu einer Verbesserung der Qualität bei. Unter diesen Bedingungen betrug die Durchbiegung 0,007 mm ($d_O = 15$ mm) bzw. 0,0035 mm ($d_O > 26$ mm) je Millimeter Schaftlänge.

Eine weitere, speziell beim Verjüngen auftretende Fehlerart, ist die Wulstbildung. In diesem Fall staucht sich der Werkstoff vor dem Eintritt in den kegelförmigen Schulterbereich am Umfang örtlich auf. Dieses Ausbauchen kann ggf. durch eine vor dem Umformbereich befindliche, engtolerierte Werkstückzentrierung unterdrückt werden. Bei unbehindertem Werkstofffluß kann allerdings an dieser Stelle je nach den gewählten Vorgangsparametern ein Wulst entstehen. Die an den selbst umgeformten Werkstücken gemessenen Werte der relativen Wulstbildung sind in Bild 46 angegeben. Daraus ist sehr anschaulich der vorherrschende Einfluß des Matrizenöffnungswinkels auf diese Fehlerart zu sehen. Ab Winkeln $2\ \alpha > 30\ °$ ist ein sehr steiler Anstieg der relativen Wulstbildung zu verzeichnen. Auch ist eine gewisse Abhängigkeit der Wulstgröße von der Rohteilfestigkeit bzw. von der Querschnittsänderung erkennbar. Mit zunehmender Festigkeit ist eine geringfügige Abnahme der Ausbauchung verbunden. Dagegen führt die Wahl eines sehr kleinen Umformgrads bei ebenfalls kleinen Matrizenöffnungswinkeln zu größeren Wulsten. PAWELSKI [19] hat diese Zusammenhänge ebenfalls experimentell für das Einstoßen und Drahtziehen festgestellt. Dabei waren die Ausbauchungen beim Einstoßen durch den höheren Werkzeugdruck stets größer als beim Drahtziehen. Über die theoretische Behandlung des Problems der Wulstbildung beim ebenen und rotationssymmetrischen Ziehen wird unter Zugrundelegung der Gleitlinientheorie in [19] und [48] berichtet. Danach ist für das Drahtziehen bei Matrizenöffnungswinkeln $2\ \alpha < 24\ °$ mit Ausbauchungen vor dem Eintritt in den Schulterbereich zu rechnen, wenn

$$\frac{r_O + r_1}{r_O - r_1} \cdot \hat{\alpha} > 10 \tag{63}$$

ist. Diese Formel kann für das Verjüngen aber nur Anhaltswerte liefern, da die beim Ziehen zugrundegelegten Annahmen nur teilweise auf diesen Anwendungsfall übertragbar sind.

5.2.2 <u>Oberflächenbeschaffenheit</u>

Bei den Verfahren der Umformtechnik bleibt im Gegensatz zu den abtragenden Fertigungsverfahren die Oberflächenschicht als solche erhalten. Sie wird jedoch durch den Umformvorgang einer Wandlung unterworfen. Die Veränderung der Oberflächenbeschaffenheit ist dabei in erster Linie davon abhängig, ob das betreffende Flächenelement durch freie oder gebundene Umformung entsteht. Bei freier Umformung, d. h. wenn keine Werkzeugteile glättend auf die Werkstückoberfläche einwirken, sind die erreichbaren Rauheitswerte im wesentlichen abhängig von Umformgrad, der Rauhigkeit des Rohteiles, der Umformart sowie der Korngröße des Werkstückstoffs [49]. Bei gebundener Umformung wird die freie Verformung der Körner in der Nähe der Oberfläche durch die zwischen Werkzeug und Werkstück herrschende Kontaktnormalspannung behindert. In diesem Fall haben die Oberflächengüte der glättenden Werkzeugteile, die Relativbewegung zwischen den Reibpartnern sowie die Schmierbedingungen einen zusätzlichen Einfluß auf das Ergebnis [1]. Es können deshalb keine allgemeingültigen Regeln über das Ausmaß der Einglättung angegeben werden.

Kaltpreßteile haben selten eine über das ganze Werkstück einheitliche Oberflächenbeschaffenheit. Beim Verjüngen verbleibt der Werkstückkopf während des Preßvorgangs starr. Nur der Schaft- und Schulterbereich unterliegen gebundener Umformung. Die Untersuchungen wurden daher auf die Schaftmantelfläche beschränkt. Die Messungen erfolgten mit einem Oberflächenprüfgerät, das nach dem Tastschnittverfahren arbeitet. Zur quantitativen Beschreibung der Oberflächenbeschaffenheit sind die Senkrechtmaße der Rauhtiefe R_t, der arithmetische Mittenrauhwert R_a sowie die Glättungstiefe R_p herangezogen worden. Es wurden unterschiedlich umgeformte Preßteile (φ = 0,1 und 0,23; 2 α = 24° und 36°) aus den drei weichgeglühten Versuchswerkstoffen überprüft. Die Rohteile waren entsprechend den Ausführungen in Abschnitt 2.1.2 gefertigt. Die gemittelten Rauheitswerte nach dem Drehen gehen aus untenstehender Aufstellung hervor. Für die Oberflächenmessungen nach dem Umformen ist die noch vorhandene Restschicht aus Schmierstoff und Schmierstoffträger entfernt worden.

Ähnlich wie beim Voll-Vorwärts-Fließpressen [50] verbesserten sich die Rauheitswerte auch schon durch die beim Verjüngen verhältnismäßig kleinen Querschnittsabnahmen erheblich. Es ergaben sich im Durchschnitt folgende Kennwerte in Preßrichtung, die mit den in [34] genannten Anhaltswerten recht gut übereinstimmen.

	R_t [µm]	R_a [µm]	R_p [µm]
Rohteil	33,6	7,80	13,80
$\varphi = 0,1$	7,0	1,55	2,44
$\varphi = 0,23$	4,4	0,90	1,46

Der Einfluß des Matrizenöffnungswinkels auf das Ergebnis war sehr gering. Kleinere Winkel führten infolge der vergrößerten Kontaktfläche zwischen Werkzeug und Werkstück zu einer geringfügigen Abnahme der Rauhigkeit. Dagegen konnte eine Abhängigkeit der Oberflächengüte von der Rohteilfestigkeit nicht eindeutig festgestellt werden.

6.1   Vorausbestimmung des Kraftbedarfs

Die Modellgesetzmäßigkeiten der Mechanik sind beim Verjüngen bezüglich des Kraftbedarfs (s. Abschnitt 3.1.2.2) erfüllt. Dies
ist der Fall, obwohl die Modellgesetzmäßigkeiten für die Temperaturerhöhung im Werkstück infolge der zugeführten Umformarbeit
nicht zutreffen. Die Abfuhr der Umformwärme ist bei kleineren
Werkstücken größer. KAST [53] hat diesen Zusammenhang bei Untersuchungen über das Napf-Rückwärts-Fließpressen ebenfalls festgestellt. Es ist somit die Möglichkeit gegeben, die
auf die Rohteilquerschnittsfläche bezogene Stempelkraft unabhängig von der jeweiligen Werkstückgröße als Funktion von den
wichtigsten Einflußgrößen anzugeben. Für die große Mehrzahl
der Anwendungsfälle, d.h. bei Matrizenöffnungswinkeln $2\alpha < 30°$,
wird der Kraftberechnung Gleichung (33), hergeleitet nach dem
Verfahren der oberen Schranke, zugrundegelegt. Gemäß der Grund-
idee dieser Theorie ergeben sich damit Werte für die bezogene
Stempelkraft, die bei richtigem Einsetzen der Randbedingungen
größer sind als die tatsächlich auftretenden Kräfte. In Bild 47
ist ein Nomogramm dargestellt, entwickelt nach dem Verfahren
der oberen Schranke, mit dem die bezogene Stempelkraft graphisch
auf einfache Weise ermittelt werden kann. Die Vorgehensweise ist
anhand eines Beispieles gezeigt. Darin werden neben dem Reibwert noch der Matrizenöffnungswinkel, der Umformgrad und die
mittlere Fließspannung berücksichtigt. Häufig ist aber im Aus-
legungsstadium eines Kaltpreßteiles die mittlere Fließspannung
des Werkstückwerkstoffes nicht bekannt. Deshalb ist in Bild 48
zusätzlich ein Diagramm zur überschlägigen Bestimmung der bezogenen Stempelkraft mit der Rohteilhärte als Werkstoffkennwert angegeben. Damit erhält man die bezogene Stempelkraft unter Zugrundelegung von Versuchsergebnissen in Abhängigkeit vom
Umformgrad, der Rohteilhärte sowie vom Matrizenöffnungswinkel.
Für die Kraftberechnung speziell bei Matrizenöffnungswinkeln,
$2\alpha > 30°$ empfiehlt es sich,Gleichung (49) anzuwenden. Dieser
analytische Ansatz beruht ebenfalls auf Meßergebnissen. Bei
den durch Ausgleichsrechnung bestimmten Konstanten wurden die
Rohteilhärte, der Umformgrad, der Matrizenöffnungswinkel sowie die Kontaktfläche zwischen Werkstück und Werkzeug als Einflußgrößen herangezogen. Die mit der Formel berechneten Kräfte
weichen im Durchschnitt um $\pm$ 7% von den im Versuch gemessenen
Werten ab.

6.2   Vorausbestimmung der Verfahrensgrenzen

Werkstückversagen durch Aufstauchen der Rohteile tritt ein,
sofern die im Werkstückkopf zu übertragende Axialspannung den
Wert der Anfangsfließspannung überschreitet. Die Überprüfung
dieses Versagensfalles geschieht unter Zugrundelegung der Kraftberechnungsformeln. Die Durchführbarkeit des Umformvorgangs läßt
sich allerdings nur überprüfen, wenn die Stempelquerschnitts-
fläche größer oder gleich der Rohteilquerschnittsfläche ist.

Für Anwendungsfälle mit Matrizenöffnungswinkeln $2\alpha < 30°$ führt
dies zu Gleichung (51). Diese Formel ist abgeleitet von dem
Kraftberechnungsverfahren der oberen Schranke. Der dabei ent-
standene Zusammenhang ist in Bild 49 als Nomogramm dargestellt.
Danach wird, wie anhand eines Beispiels gezeigt ist, neben dem
Reibwert und dem Matrizenöffnungswinkel das Verhältnis von Anfangsfließspannung zu mittlerer Fließspannung berücksichtigt.
Dieser Werkstoffkennwert ist allerdings neben dem Gefügezustand
auch vom Umformgrad abhängig. Es können daher im Nomogramm
für diese Kenngröße nur Anhaltswerte angegeben werden.

Der Schlankheitsgrad der umzuformenden Rohteile ist beim Verjüngen begrenzt. Unter der Einwirkung der Umformkraft besteht
in diesem Fall die Gefahr der elastischen Instabilität. Der
zulässige Schlankheitsgrad der Proben hängt dabei außer vom
Elastizitätsmodul, der Anfangsfließspannung und der bezogenen
Stempelkraft vor allem von der Art der Werkstückführung ab.
Darüber hinaus ist auch die Exzentrizität der Krafteinleitung
zu berücksichtigen, da bei der industriellen Anwendung die
Rohteilstirnflächen in der Regel nicht eben sind. Nach Gleichung (59) kann der zulässige Schlankheitsgrad in Abhängigkeit
der aufgezählten Einflußgrößen berechnet werden. Es ist dabei
eine matrizenseitige Rohteilführung vorausgesetzt. Dieser Zusammenhang ist auch als Schaubild angegeben (Bild 50). Ist
danach für eine bestimmte Parameterkombination die Gefahr des
Ausknickens gegeben, so empfiehlt es sich, durch zusätzliche
Führungseinrichtungen die freie Rohteillänge herabzusetzen.

6.3   <u>Entscheidungshilfen für die Festlegung von Vorgangs-
      parametern</u>

Die Festlegung der Vorgangsparameter kann beim Verjüngen in
der Regel nicht ohne die Beachtung der maschinen-, werkzeug-,
werkstoff- bzw. werkstückseitigen Randbedingungen geschehen.
Doch kann mit Hilfe der noch frei wählbaren Parameter in ge-
wissem Umfang eine Verfahrensoptimierung vorgenommen werden.
Zu diesem Zweck sind die Auswirkungen der wichtigsten Einflußgrößen auf den Vorgangsablauf in den nachfolgenden Ausführungen
noch einmal zusammengefaßt.

- Für eine Ausdehnung des Anwendungsgebietes des Verjüngens
  zu größeren Querschnittsabnahmen ($\varphi > 0,30$) sollten die
  Werkstoffe in einem Ausgangszustand vorliegen, in dem sie sich
  nur noch wenig verfestigen. Dies ist der Fall, wenn das
  Verhältnis von Anfangsfließspannung zu mittlerer Fließspannung groß ist ($k_{f0}/k_{fm} > 0,7$). Unter diesem Gesichtspunkt
  eignen sich vorverfestigte Stähle für das Verjüngen weitaus besser als walzharte oder gar weichgeglühte (Bild 38).

- Bei der Festlegung der Querschnittsabnahmen ist auch in
  Betracht zu ziehen, daß bei Umformgraden $\varphi < 0,1$ die Werkstücke schon bei kleinen Matrizenöffnungswinkeln ($2\alpha < 30°$)
  am Übergang vom Kopf zum Schulterbereich zur Wulstbildung
  neigen. Ferner sind bei diesen Proben die Vergleichsformänderungen sehr ungleich über der Schaftquerschnittsfläche
  verteilt. Beim mehrstufigen Verjüngen ist es infolge der
  zunehmenden Verfestigung vorteilhaft, den Umformgrad von
  Preßstufe zu Preßstufe etwas größer zu wählen. Mit einer
  derartigen Maßnahme wird obendrein ein Beitrag zur Vermeidung von Zentralbrüchen geleistet.

- Die Wahl des Matrizenöffnungswinkels sollte in erster Linie
  unter dem Gesichtspunkt der Preßkraftminimierung geschehen.
  Nach Gleichung (44) ergeben sich für das Verjüngen unter
  den sonst üblichen Schmierbedingungen Matrizenöffnungswinkel zwischen $2\alpha = 10°$ und $2\alpha = 30°$. In diesem Zusammenhang
  ist aber auch zu berücksichtigen, daß kleine Matrizenöff-

nungswinkel wegen der vergrößerten Druckraumhöhe das Auf-
federn der Matrize begünstigen. Auf der anderen Seite ist
ab Matrizenöffnungswinkeln $2\alpha \approx 30°$ ein sehr starkes Anwachsen der Wulstbildung am Übergang vom Werkstückkopf
zum Schulterbereich zu verzeichnen.

- Die Matrizenbelastung wird beim Verjüngen in der Mehrzahl
  der Anwendungsfälle geringer als 1000 N/mm² bleiben.
  Unter diesem Gesichtspunkt ist daher eine Armierung nicht
  erforderlich. Aus Gründen der Einsparung teurer Werkzeug-
  werkstoffe sowie der Möglichkeit gegebenenfalls Verschleiß-
  teile austauschen zu können, ist jedoch je nach Anwendungsfall darüber zu befinden, ob armierte Matrizen Vorteile
  bieten. Die Rohteilführung kann sowohl separat als auch
  mit der Matrize kombiniert vorgenommen werden. Die Führungslänge sollte, speziell bei schlanken Rohteilen, ungefähr dem Rohteildurchmesser entsprechen.

- Als Oberflächenbehandlung für das Verjüngen ist Zinkphosphatieren und Beseifen geeignet. Diese Schmierung ist
  auch beim zweistufigen Verjüngen ausreichend. Zumindest
  ist dadurch kein nennenswerter Anstieg der Stempelkraft
  zu verzeichnen. Bei größeren Querschnittsabnahmen im Bereich der Verfahrensgrenzen kann es jedoch zur Gewähr-
  leistung eines sicheren Fertigungsablaufes vorteilhaft
  sein, zwischen den einzelnen Preßstadien neu zu schmieren.

Der Anwendungsspielraum des Verjüngens ist im Vergleich zu
anderen Verfahren der Kaltmassivumformung sehr viel enger begrenzt. Die Kenntnis über den quantitativen Verlauf der Verfahrensgrenzen ist daher für die industrielle Nutzung von sehr großem
Interesse. Die im Schrifttum bisher dargelegten Untersuchungen beschränken sich im wesentlichen auf die Beschreibung
ausgewählter Praxisbeispiele sowie die qualitative Abgrenzung
des Verjüngens gegenüber dem Voll-Vorwärts-Fließpressen. Darüber hinaus sind auch einige theoretische Betrachtungen zum
Kraftbedarf bekannt. Die generelle Übertragbarkeit der geschilderten Erkenntnisse auf andere Anwendungsfälle ist jedoch nicht gegeben. Es war deshalb das Ziel dieser Untersuchung, über den gegenwärtigen Kenntnisstand hinaus die wichtigsten Gesetzmäßigkeiten beim Verjüngen zu erfassen und in
übersichtlicher Form aufzubereiten.

Im experimentellen Teil der Arbeit bildeten über 1500 Preß-
versuche die Grundlage zur Ermittlung des Kraftbedarfs, der An-
wendungsgrenzen des Verfahrens sowie der Gebrauchseigenschaften.
Dabei war es die Aufgabe, die Auswirkungen der technisch bedeu-
tenden Einflußgrößen auf den Vorgangsablauf festzuhalten. Neben
den Parametern Rohteilfestigkeit, Umformgrad, Matrizenöffnungswinkel sowie Ausgangsdurchmesser wurden in diesem Zusammenhang
auch Größen erfaßt wie die Preßgeschwindigkeit oder die Oberflächenbehandlung, die einer rechnerischen Behandlung direkt nicht
zugänglich sind.

Bei den theoretischen Betrachtungen über das Verjüngen wurde
im wesentlichen von den Ergebnissen der visioplastischen
Stoffflußuntersuchungen und den darauf aufbauenden Berechnungen der Vergleichsformänderungsgeschwindigkeiten sowie
Vergleichsformänderungen ausgegangen. Über die analytische
Beschreibung der Geschwindigkeitsfelder im Bereich der Umformzone erfolgten dann die Kraftberechnung nach dem Verfahren der oberen Schranke und die rein rechnerische Ermittlung der Vergleichsformänderungen. Die Berechnung der Spannungsverteilung im Werkstück während des Umformvorgangs nach

dem Fehlerabgleichverfahren schloß sich daran an. Zur Bestimmung der Stempelkraft speziell bei größeren Matrizenöffnungswinkeln wurde zusätzlich ein analytischer Berechnungsansatz bestimmt. Bei der mathematischen Behandlung der Verfahrensgrenze durch Ausknicken wurde unter Zugrundelegung der Theorie der elastischen Linie eine Berechnungsformel für den zulässigen Schlankheitsgrad der Rohteile abgeleitet.

Die Modellgesetze sind beim Verjüngen hinsichtlich des Kraftbedarfs erfüllt. Durch den direkten Zusammenhang zwischen der Preßkraft und den Versagensfällen Aufstauchen und Ausknicken besteht daher die Möglichkeit, auch die Verfahrensgrenzen allgemeingültig anzugeben. Ferner zeigt der Vergleich der Rechenwerte mit den im Versuch gewonnenen Meßwerten trotz der zum Teil stark vereinfachenden Annahmen eine sehr gute Übereinstimmung der Ergebnisse.

Aufgrund dieser Tatsache können die bezogene Stempelkraft sowie die Verfahrensgrenzen unabhängig von der jeweiligen Rohteilgröße rechnerisch vorausbestimmt werden. Im Hinblick auf eine einfache und praktische Anwendung wurden diese Berechnungsmethoden in Form von Nomogrammen aufbereitet, mit deren Hilfe es möglich ist, den Kraftbedarf sowie die Verfahrensgrenze Aufstauchen bzw. Ausknicken in Abhängigkeit von den jeweiligen Haupteinflußgrößen graphisch auf einfache Weise zu bestimmen. Die Kenntnis dieser Zusammenhänge erlaubt eine schnelle und zuverlässige Festlegung bzw. Optimierung der Vorgangsparameter für das Verjüngen.

8 <u>Bilder,Tabellen</u>

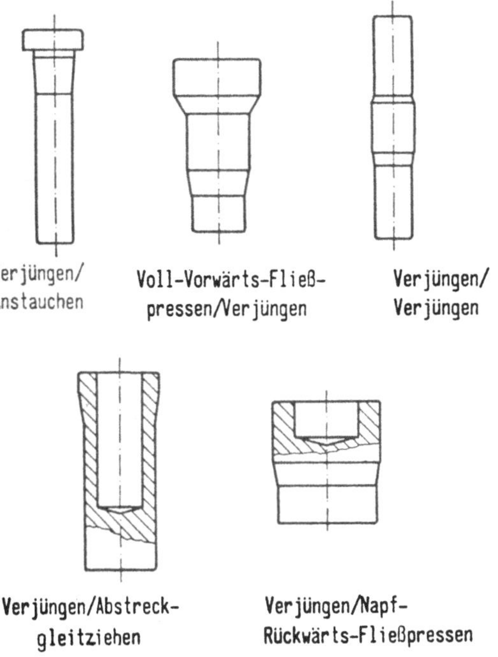

Bild 1:   Verfahrenskombinationen mit dem Verjüngen

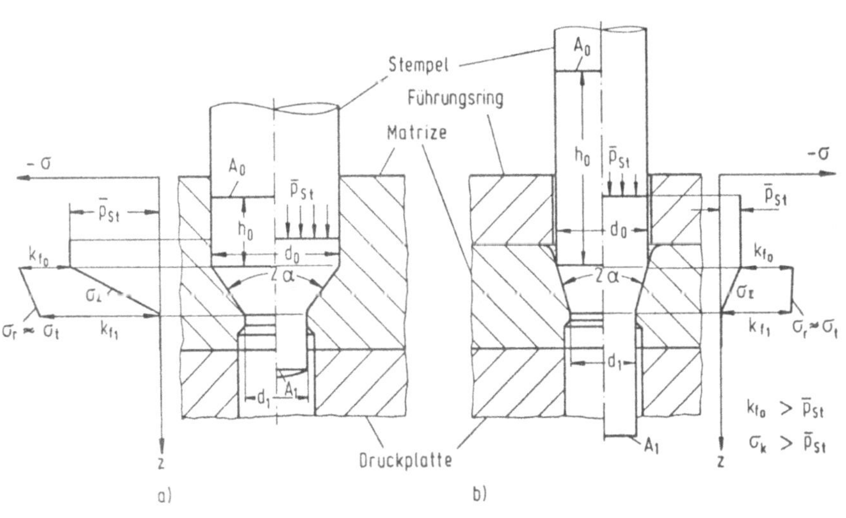

Bild 2:   Vorgangsablauf und Spannungszustand beim
a) Voll-Vorwärts-Fließpressen
b) Verjüngen von Vollkörpern

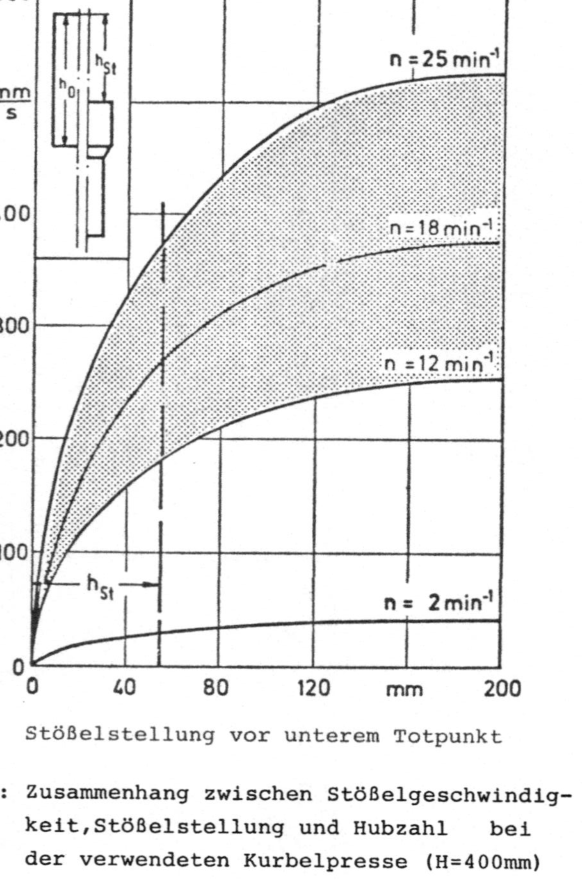

Bild 3: Zusammenhang zwischen Stößelgeschwindigkeit, Stößelstellung und Hubzahl bei
der verwendeten Kurbelpresse (H=400mm)

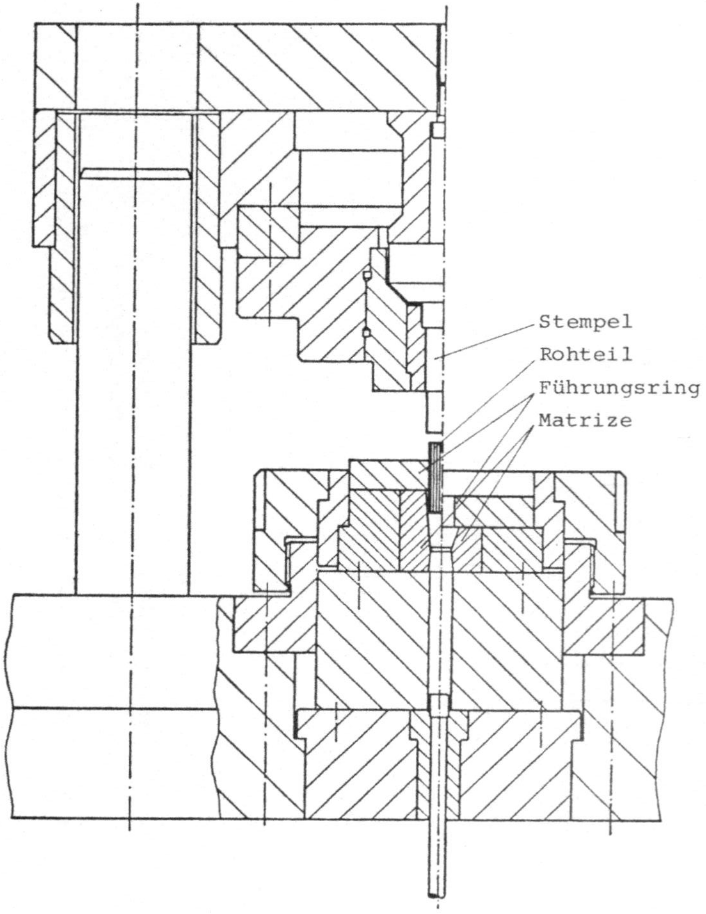

Bild 4: Aufbau des Versuchswerkzeuges

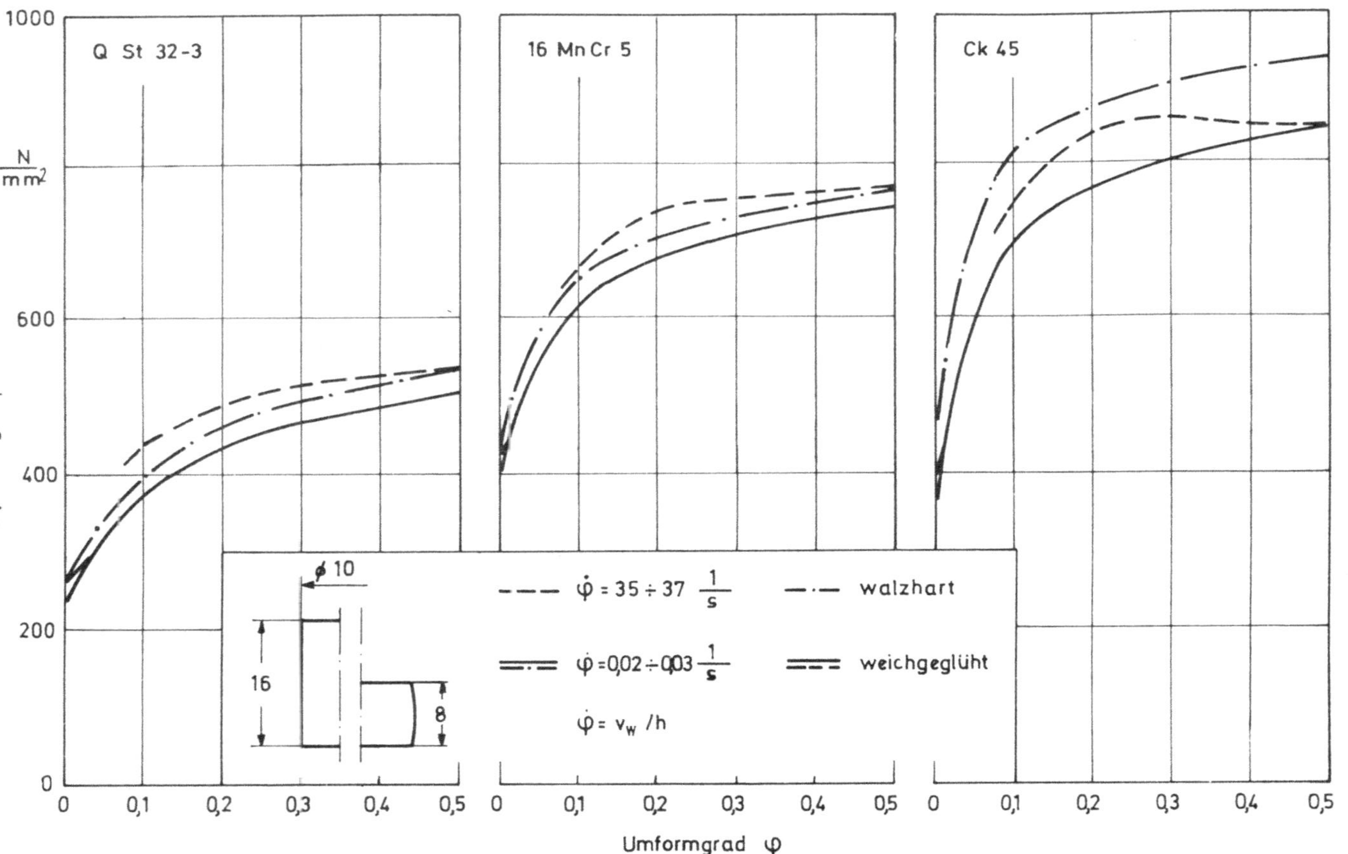

Bild 5: Fließkurven der Versuchswerkstoffe

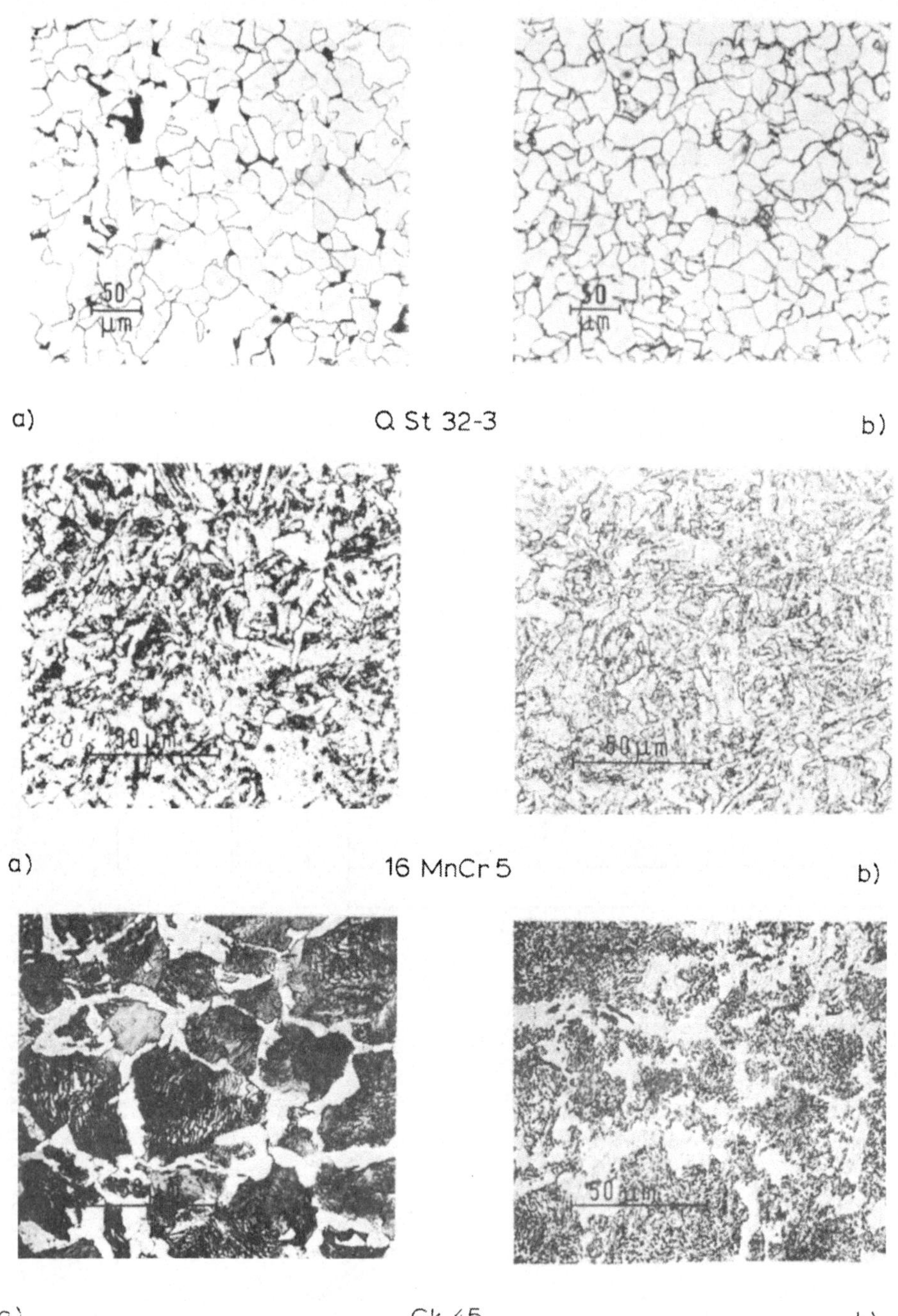

Bild 6: Gefügeaufnahmen der Versuchswerkstoffe
a.) walzhart   b.) weichgeglüht

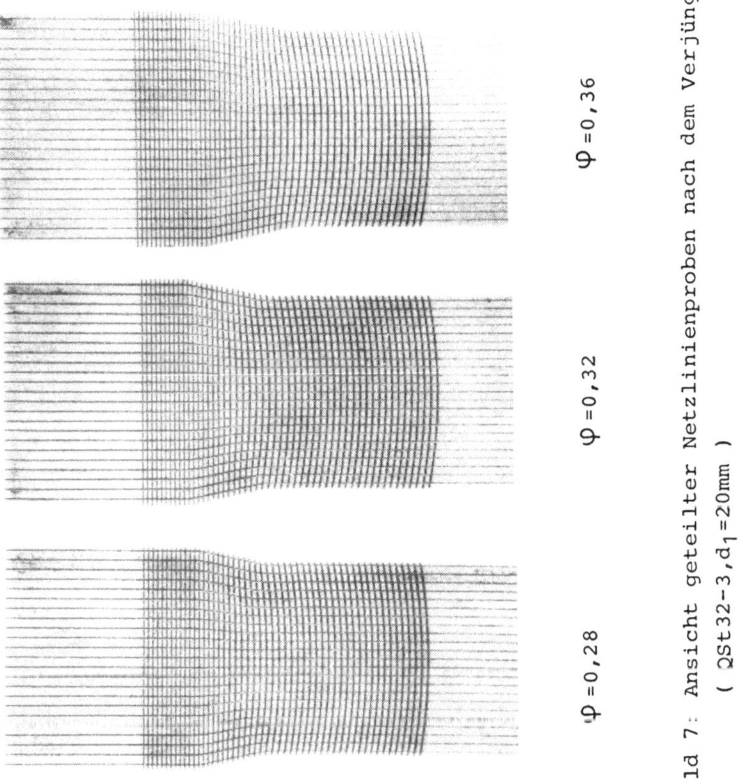

Bild 7: Ansicht geteilter Netzlinienproben nach dem Verjüngen (QSt32-3, d_1=20mm)

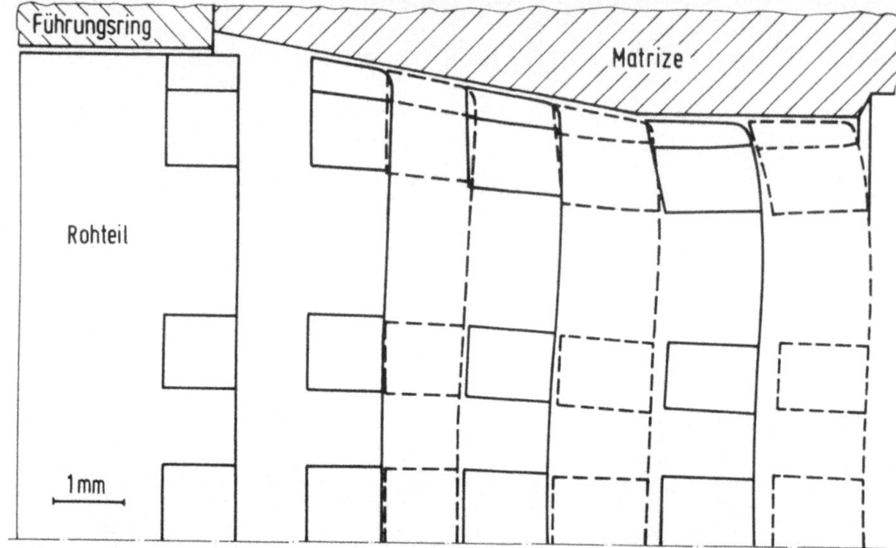

Bild 8: Verformung einzelner Werkstoffelemente während des
instationären Anfahrvorganges
(QSt32-3 , φ =0,28 , 2α=24°)

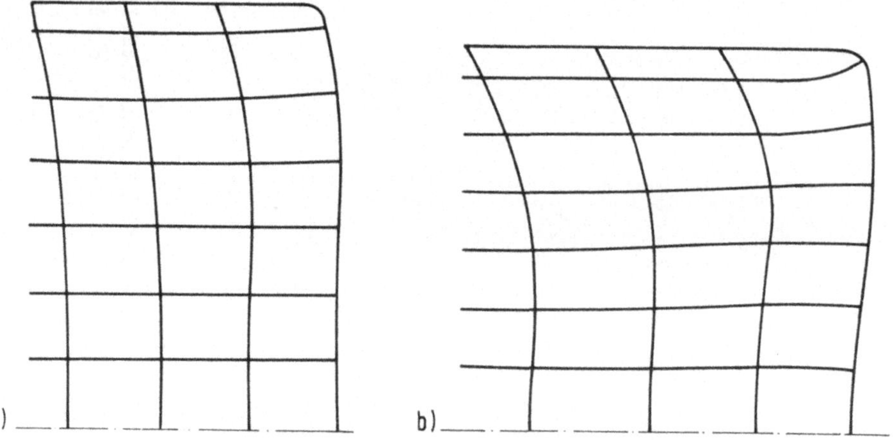

Bild 9: Ausbildung der Schaftstirnfläche nach
a) einstufigem Verjüngen   b) zweistufigem Verjüngen
(QSt32-3 , φ_1=0,28 , 2α=24° , φ_2=0,23 , 2α=24°)

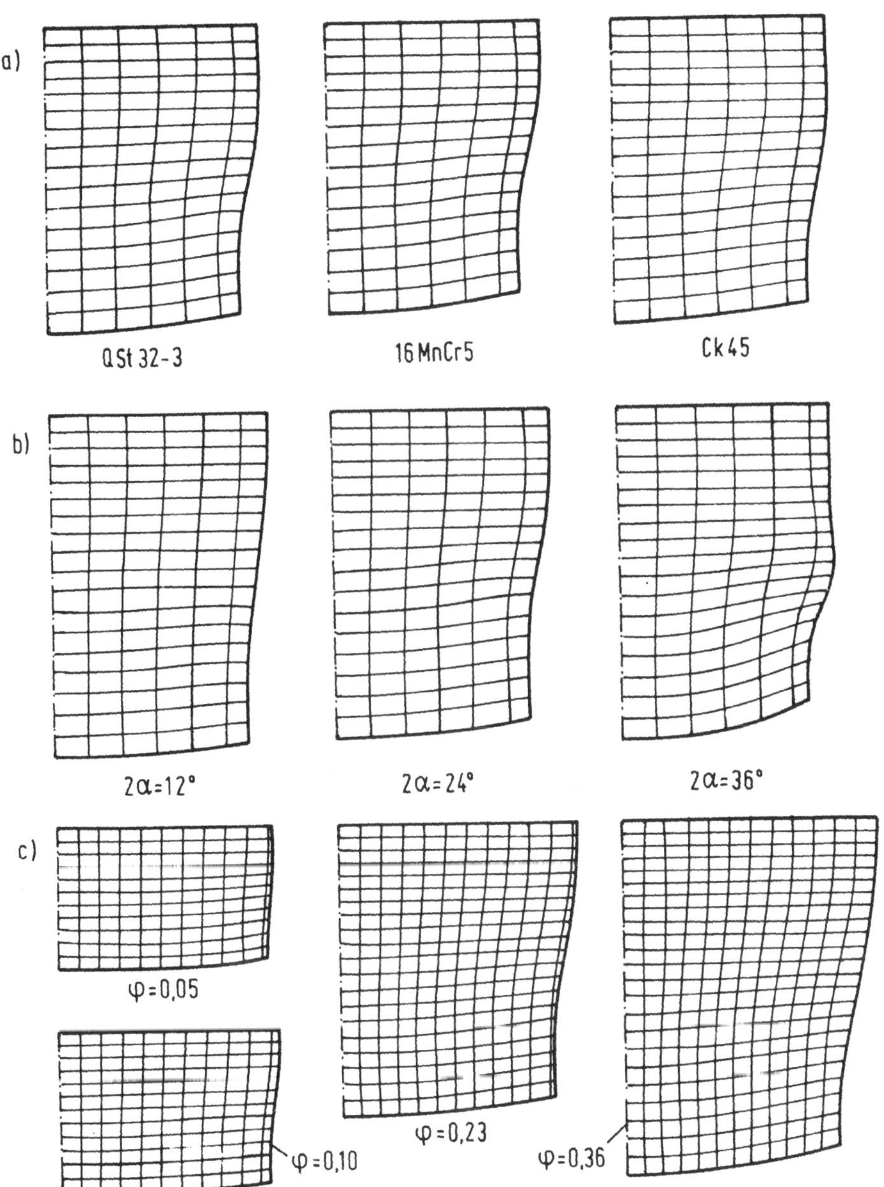

Bild 10: Verlauf der Netzlinien nach dem Verjüngen bei
unterschiedlichen
a) Werkstoffen (2α=24° ; φ=0,23)
b) Matrizenöffnungswinkeln (Q St 32-3; φ=0,23)
c) Umformgraden (Q St 32-3; 2α=24°)

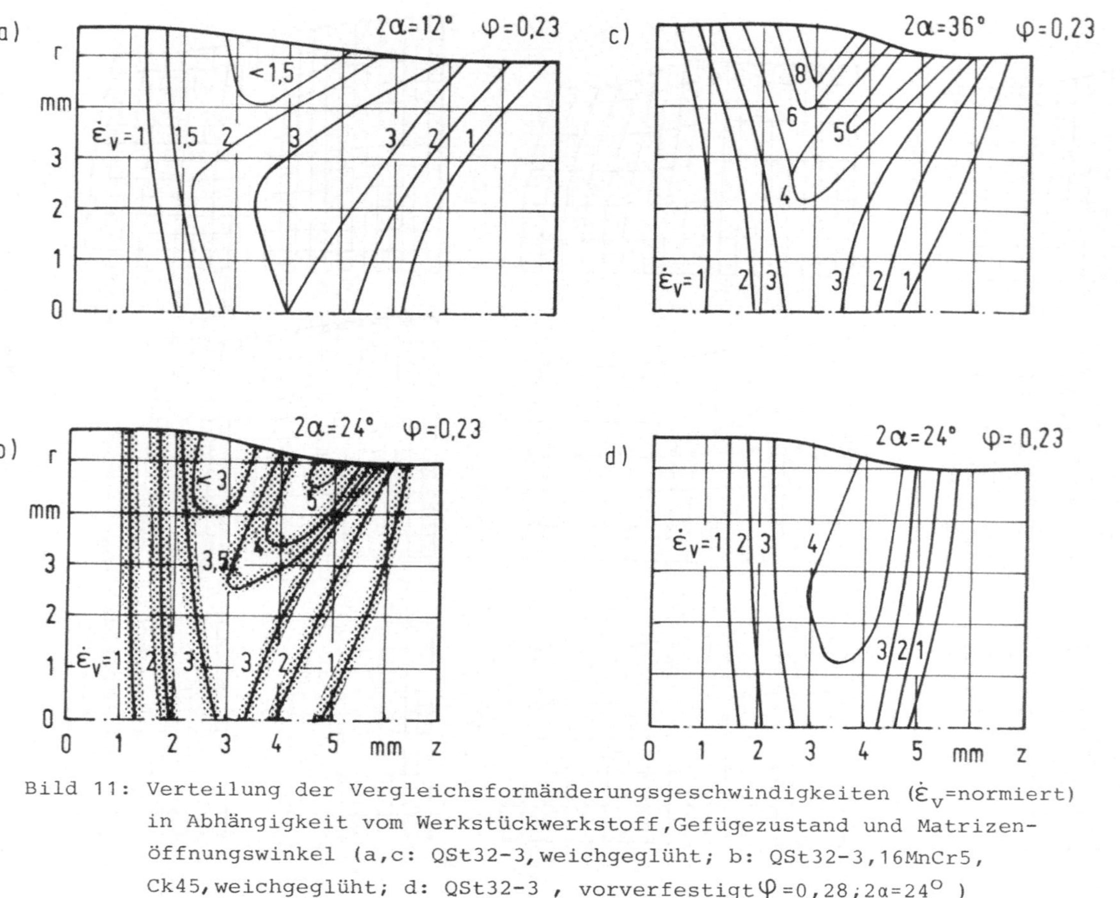

Bild 11: Verteilung der Vergleichsformänderungsgeschwindigkeiten ($\dot{\varepsilon}_v$=normiert) in Abhängigkeit vom Werkstückwerkstoff, Gefügezustand und Matrizenöffnungswinkel (a,c: QSt32-3, weichgeglüht; b: QSt32-3, 16MnCr5, Ck45, weichgeglüht; d: QSt32-3 , vorverfestigt φ=0,28; 2α=24°)

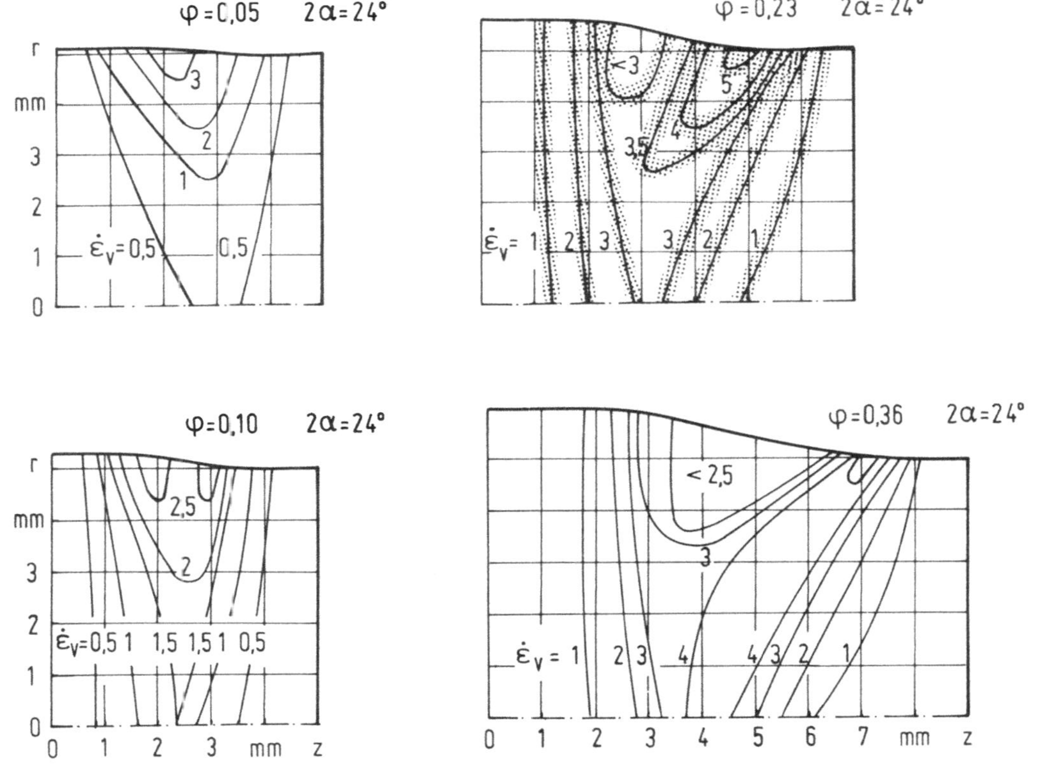

Bild 12: Verteilung der Vergleichsformärderungsgeschwindigkeiten ($\dot{\varepsilon}_v$=normiert) in Abhängigkeit vom Umformgrad
(Q St 32-3,weichgeglüht)

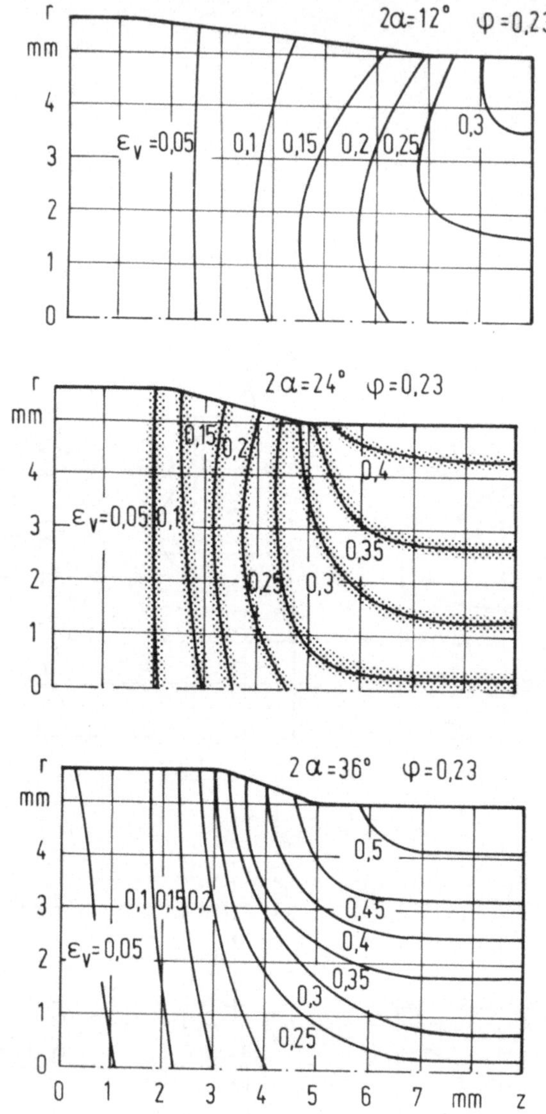

Bild 13: Verteilung der Vergleichsformänderungen in
Abhängigkeit vom Matrizenöffnungswinkel
(Q St 32-3, weichgeglüht)

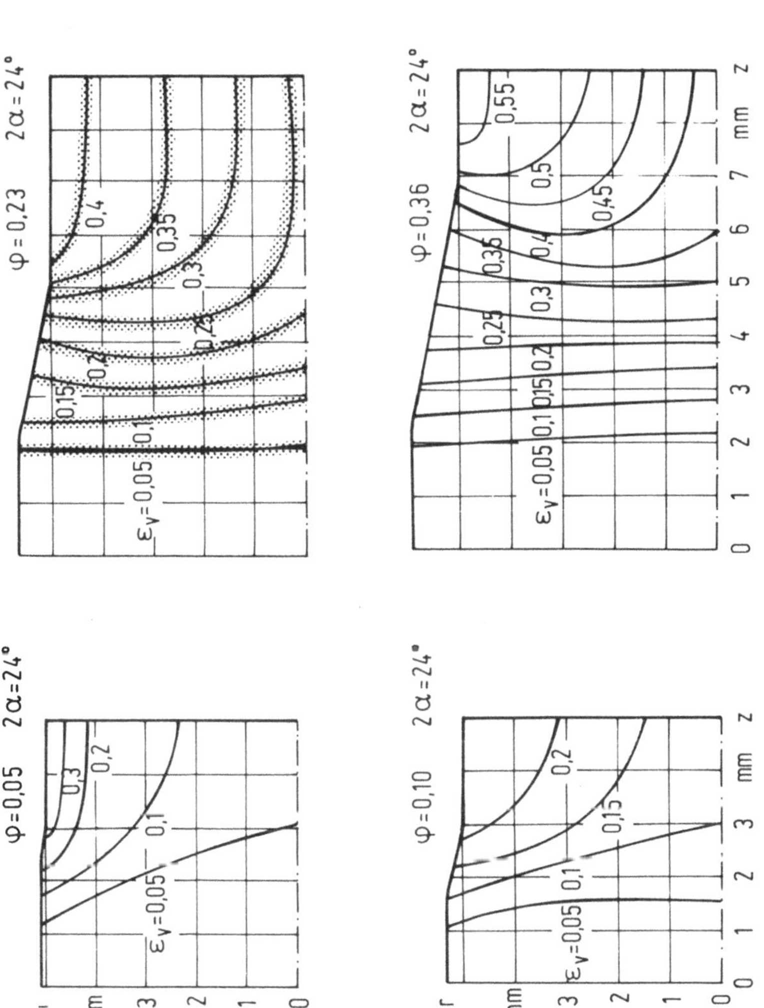

Bild 14: Verteilung der Vergleichsformänderungen in Abhängigkeit vom Umformgrad (Q St 32-3, weichgeglüht)

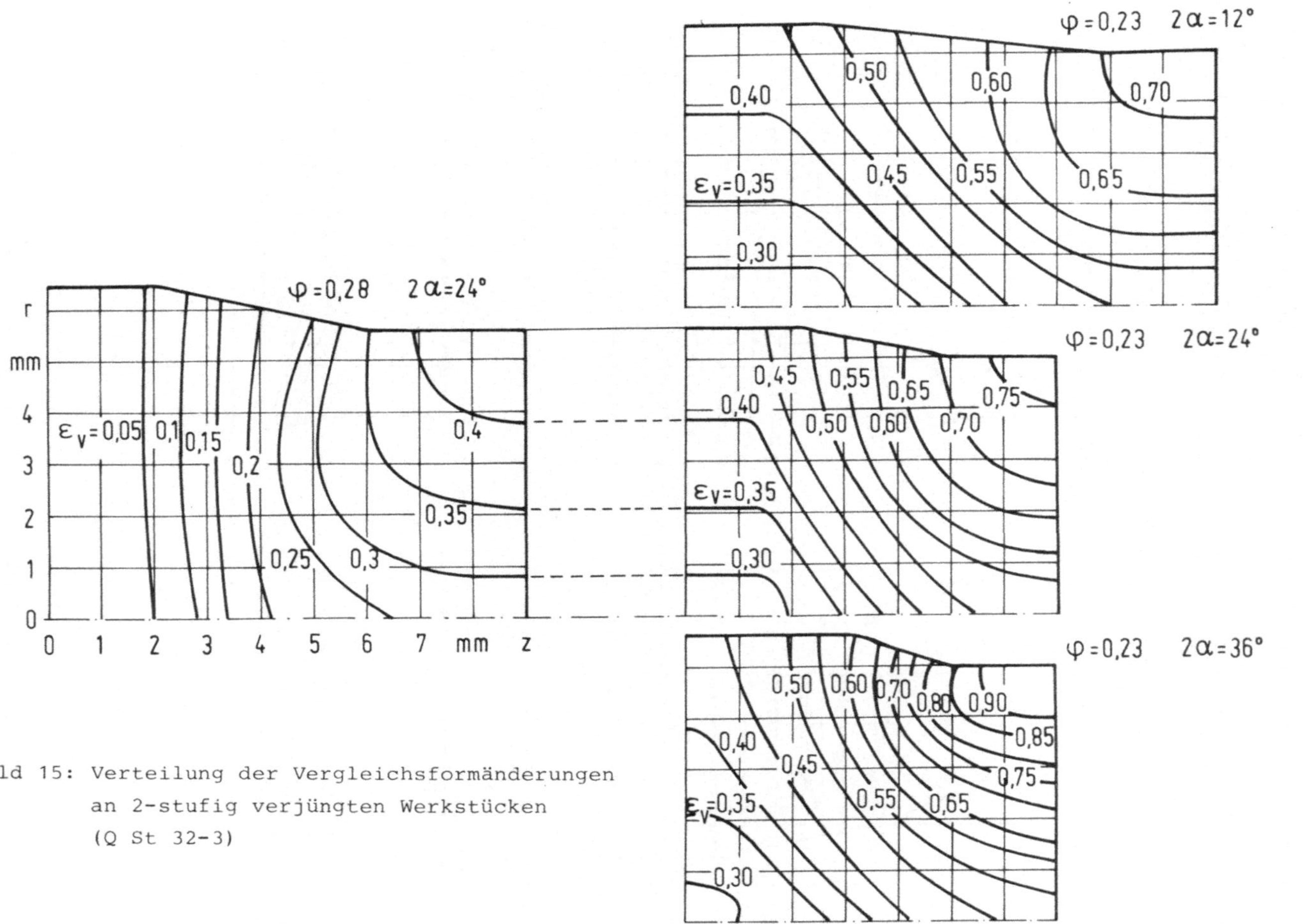

Bild 15: Verteilung der Vergleichsformänderungen an 2-stufig verjüngten Werkstücken (Q St 32-3)

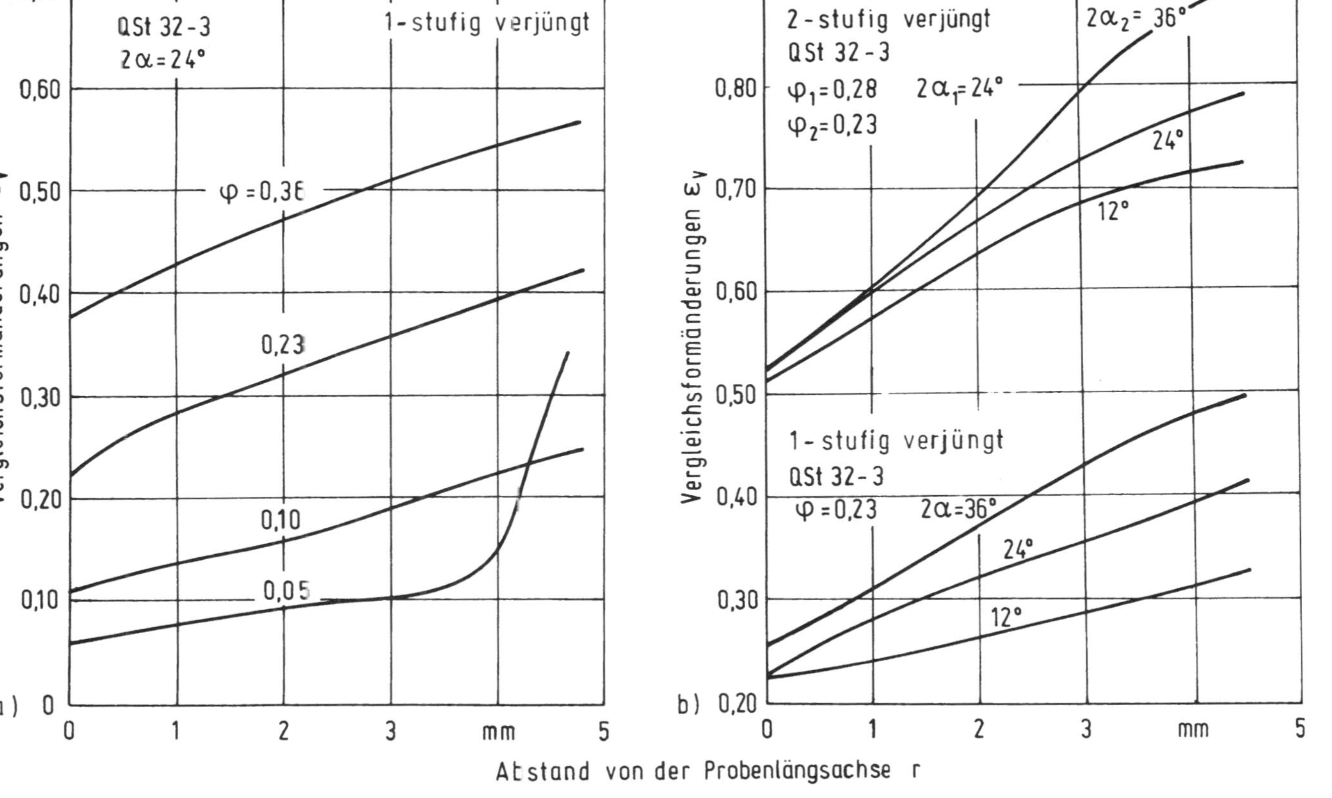

Bild 16: Verlauf der Vergleichsformänderungen über dem Schaftquerschnitt
a) für unterschiedliche Umformgrade
b) für unterschiedliche Matrizenöffnungswinkel

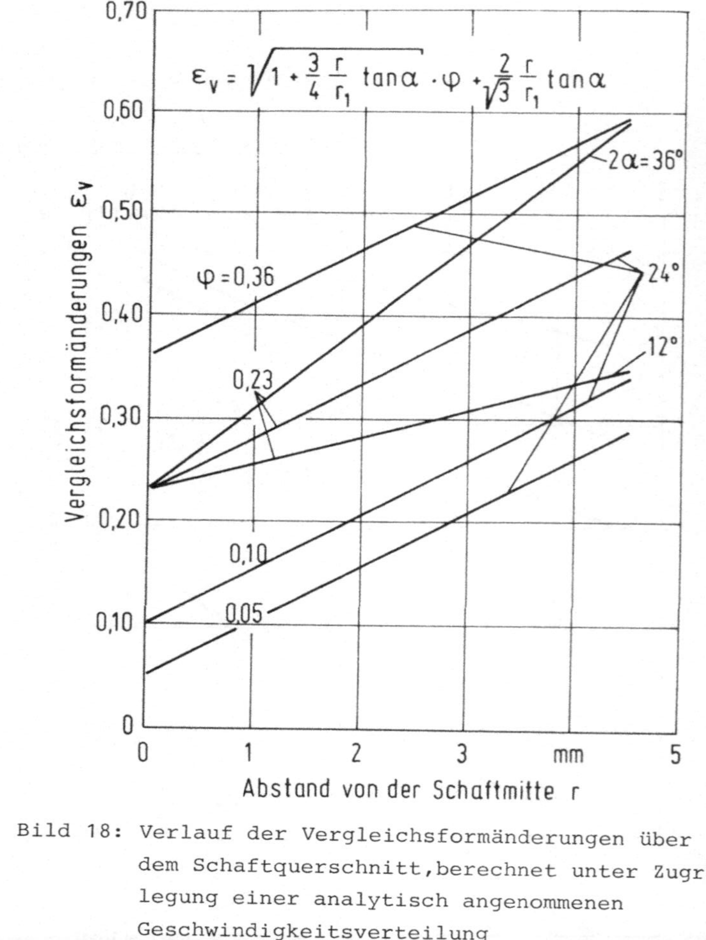

ild 17: Stempelkraft,berechnet nach dem Verfahren der oberen Schranke,unter Zugrundelegung der in Abschnitt 2.2 beschriebenen Geschwindigkeitsfelder

Bild 18: Verlauf der Vergleichsformänderungen über dem Schaftquerschnitt,berechnet unter Zugrundelegung einer analytisch angenommenen Geschwindigkeitsverteilung

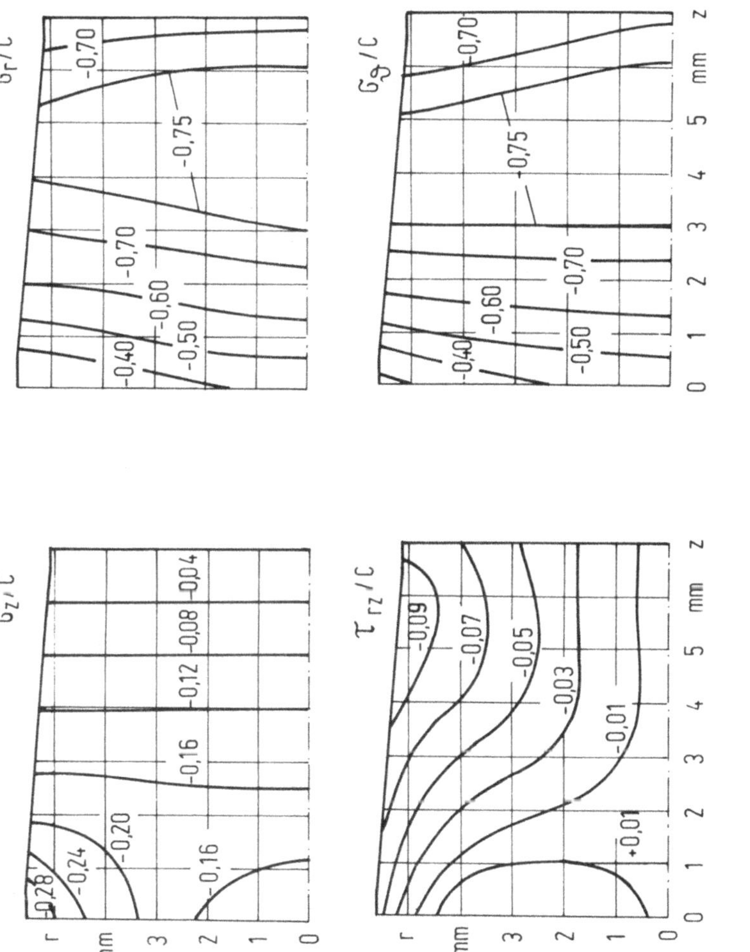

Bild 19: Spannungsverteilung im Bereich der Umformzone
(Q St 32-3; $\varphi = 0,2$; $2\alpha = 12°$; $C = 575\,N/mm^2$)

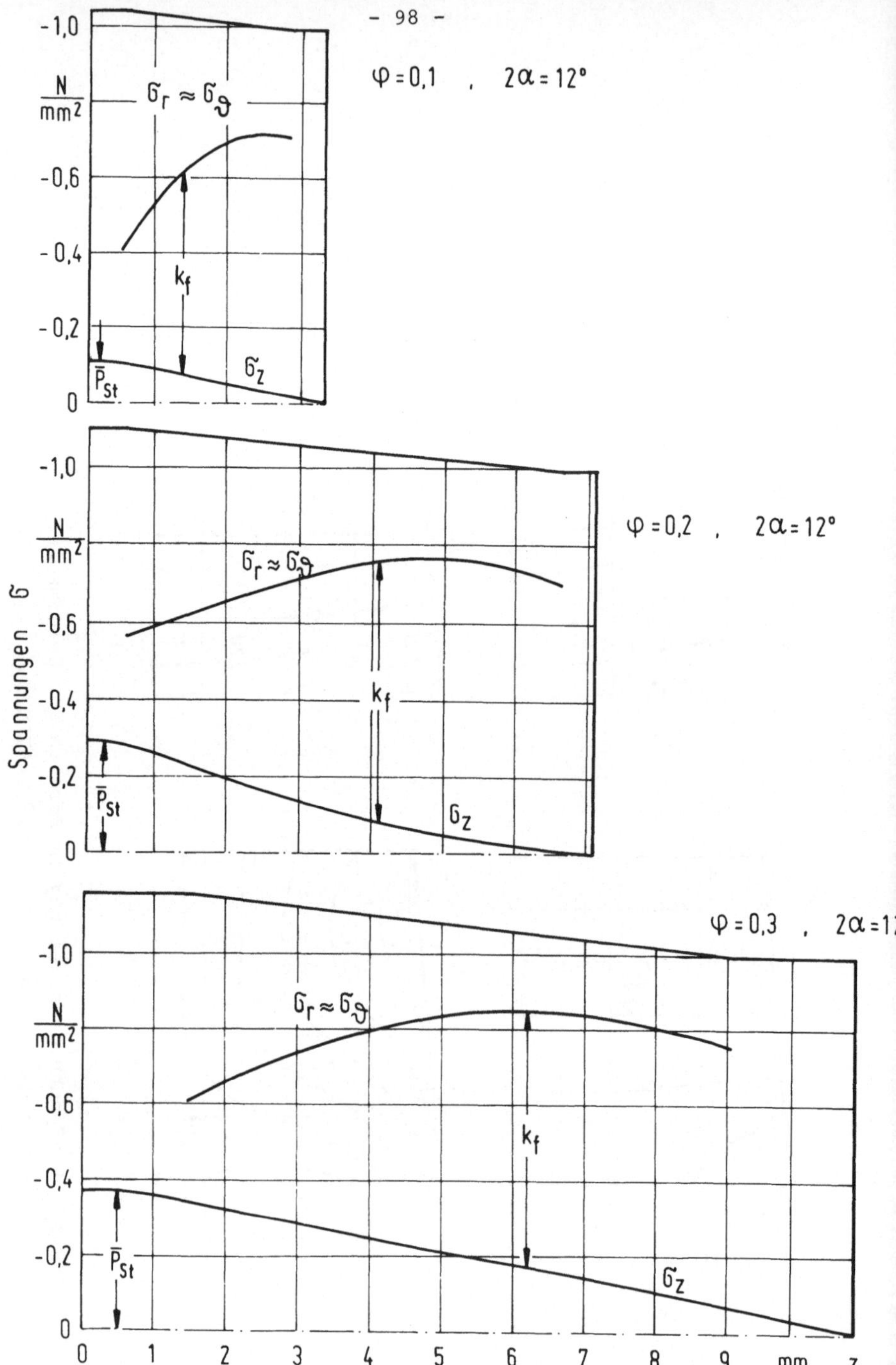

Bild 20: Verlauf der über dem Werkstückquerschnitt gemittelten
Spannungen im Bereich der Umformzone

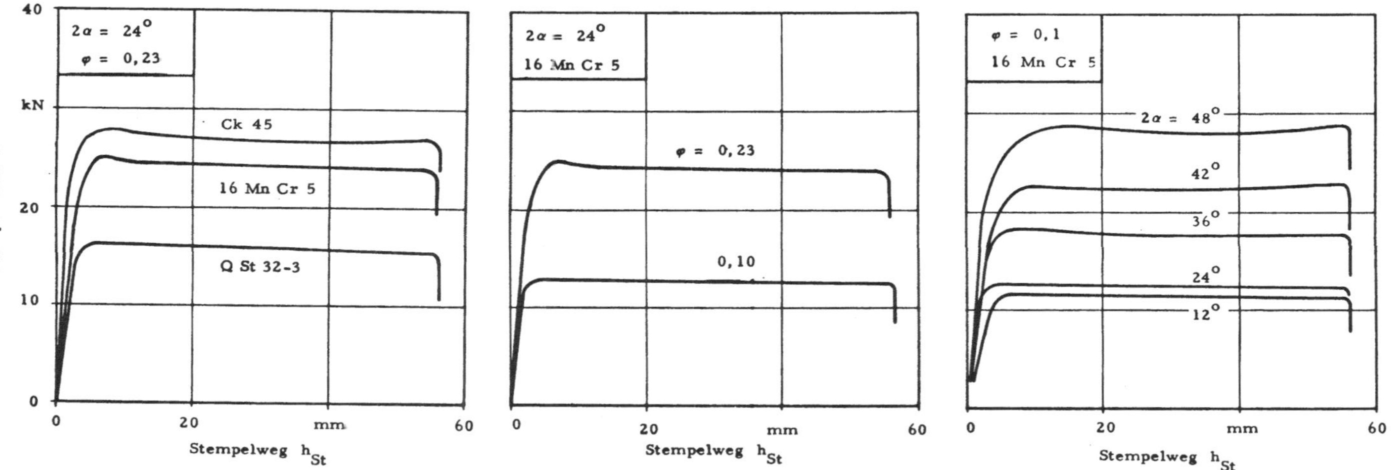

Bild 21: Kraft-Weg-Kurven beim Verjüngen
(Zinkphosphat+Phosphavit Z-1A, v_A =30mm/s, d_1 =10mm)

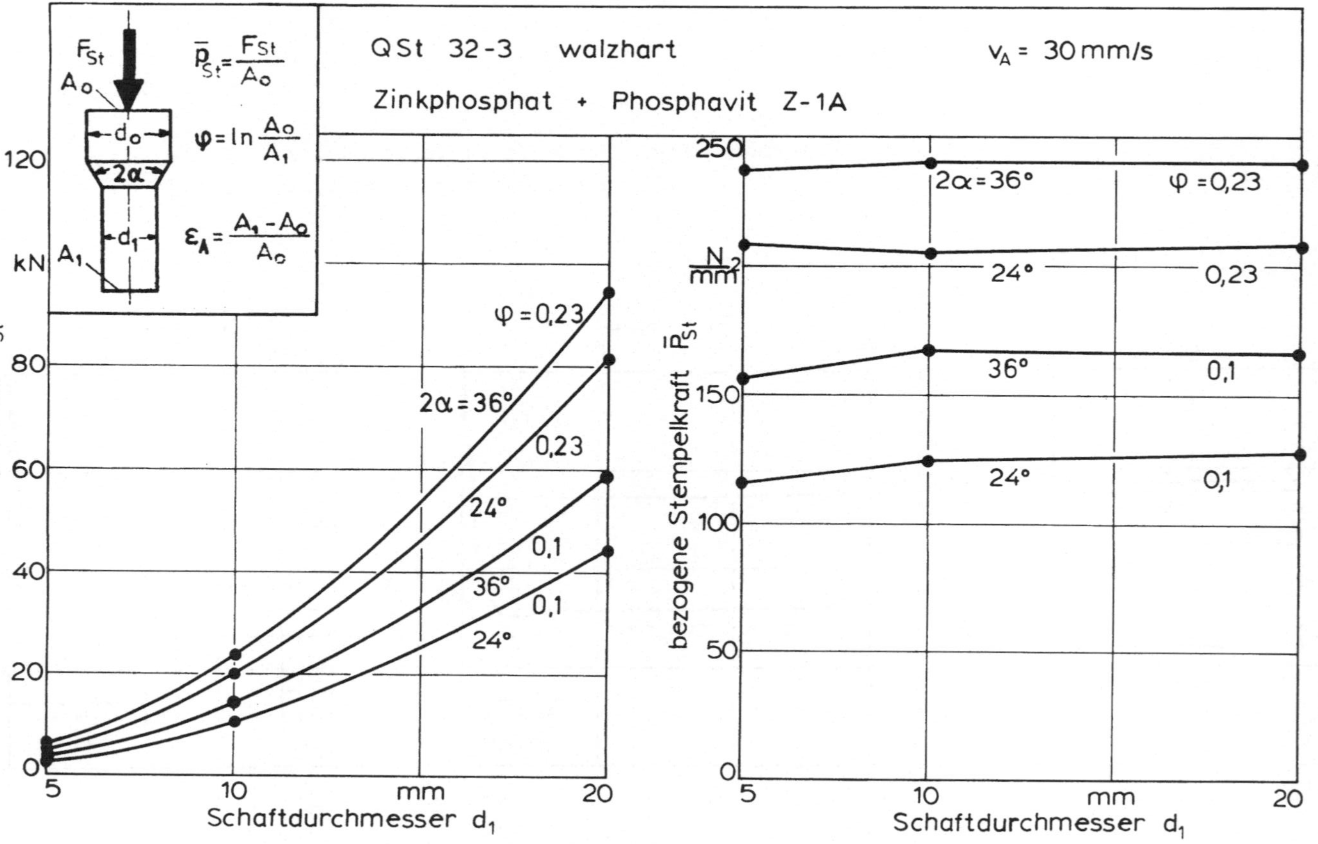

Bild 22: Zusammenhang zwischen Kraftbedarf und Werkstückdurchmesser

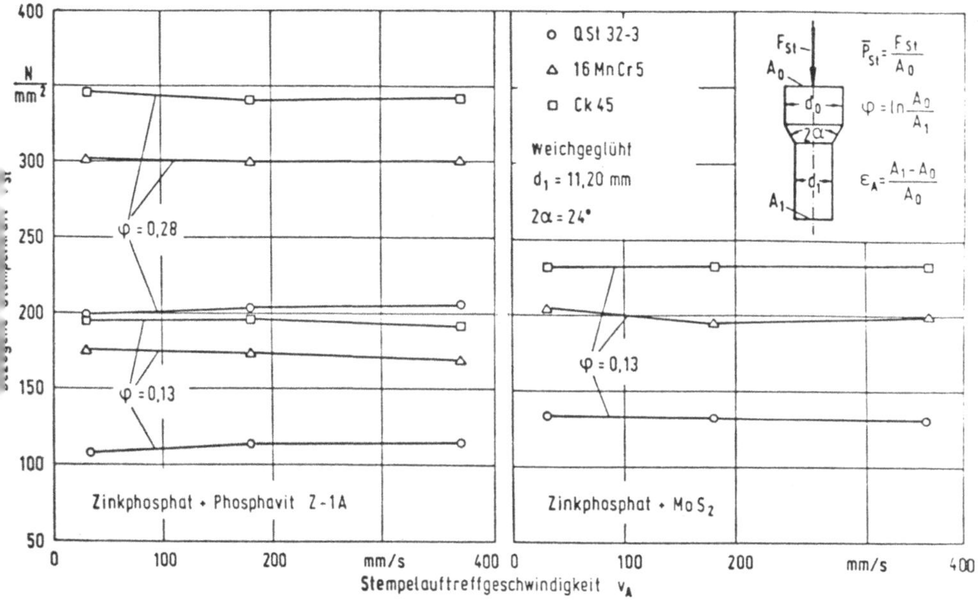

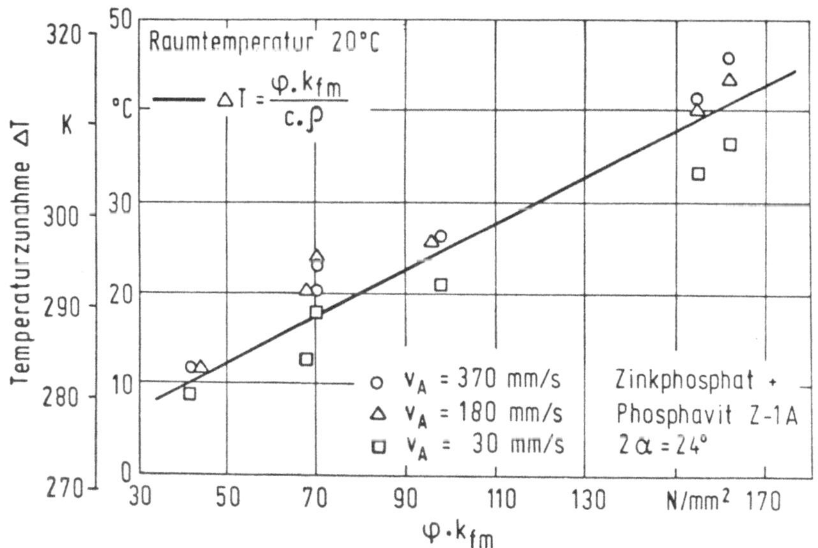

Bild 23: Kraftbedarf in Abhängigkeit von der Preßgeschwindigkeit

Bild 24: Erwärmung der Werkstücke in Abhängigkeit von Umformgrad
und mittlerer Fließspannung
(QSt32-3,16MnCr5,Ck45, φ=0,13; φ=0,28)

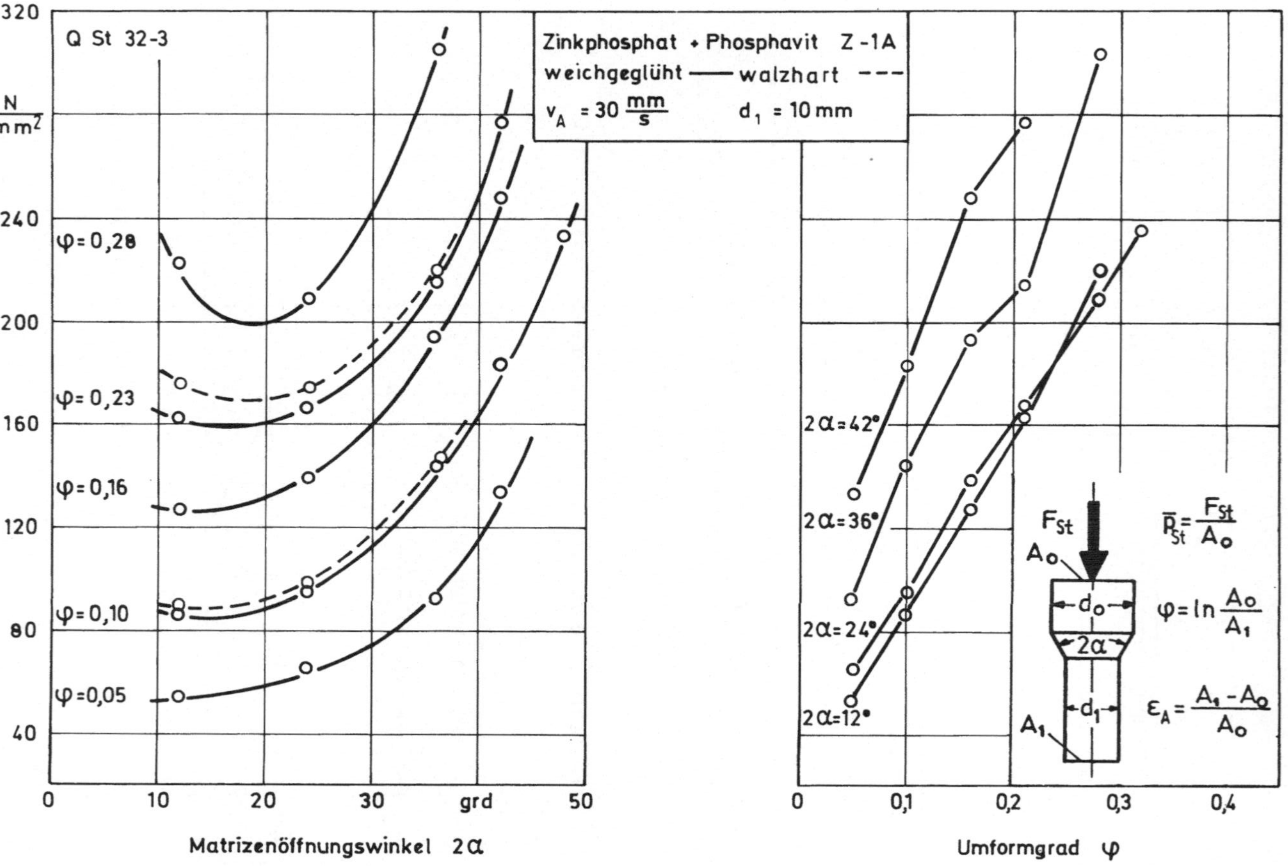

Bild 25: Kraftbedarf in Abhängigkeit vom Matrizenöffnungswinkel bzw. Umformgrad

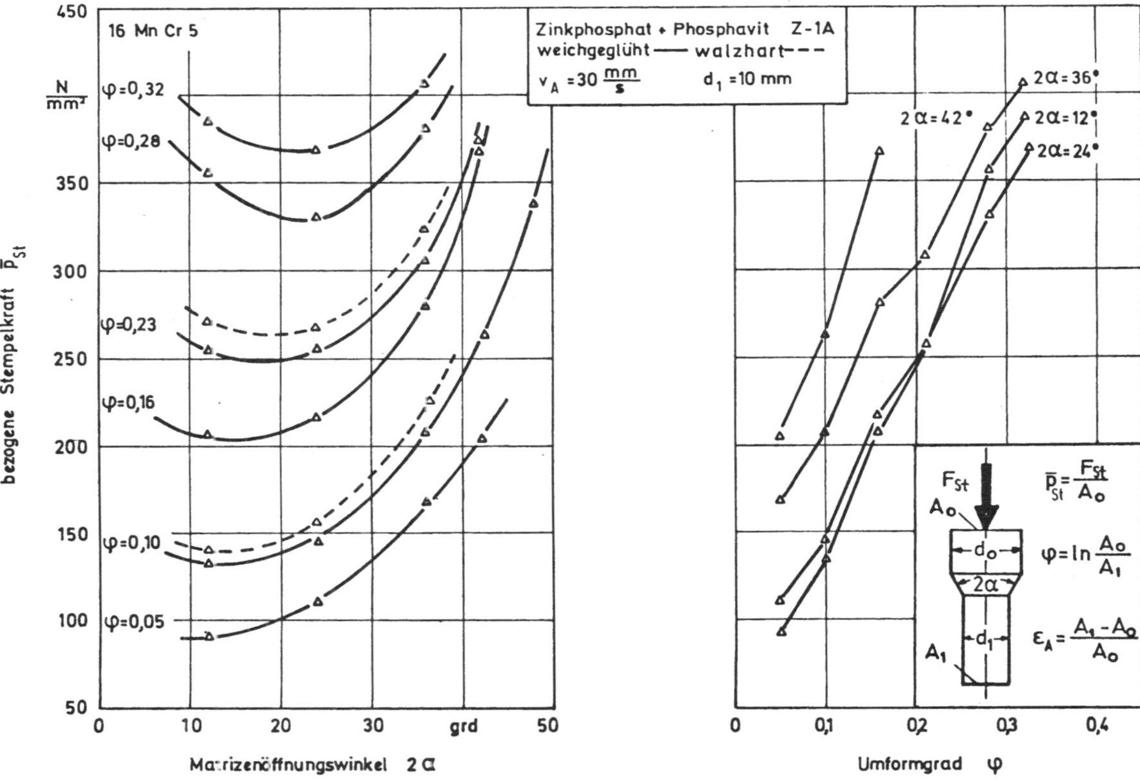

Bild 26: Kraftbedarf in Abhängigkeit vom Matrizenöffnungswinkel bzw. Umformgrad

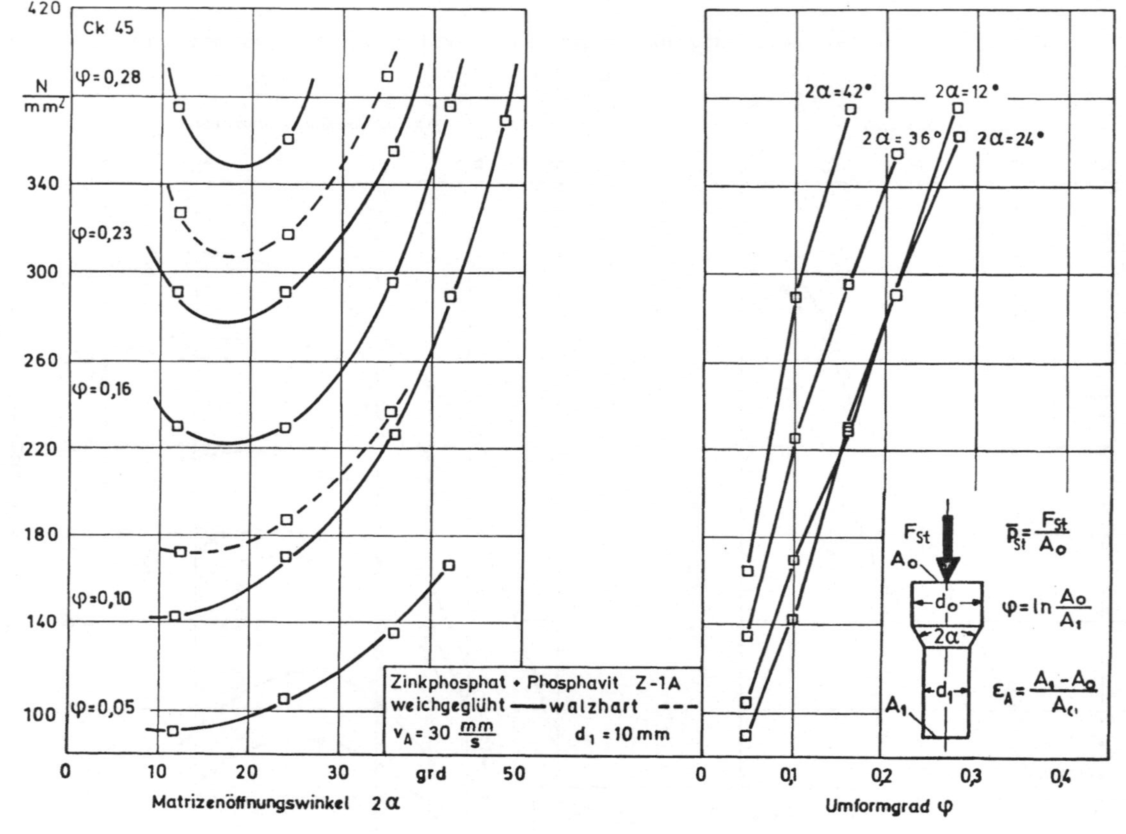

Bild 27: Kraftbedarf in Abhängigkeit vom Matrizenöffnungswinkel bzw. Umformgrad

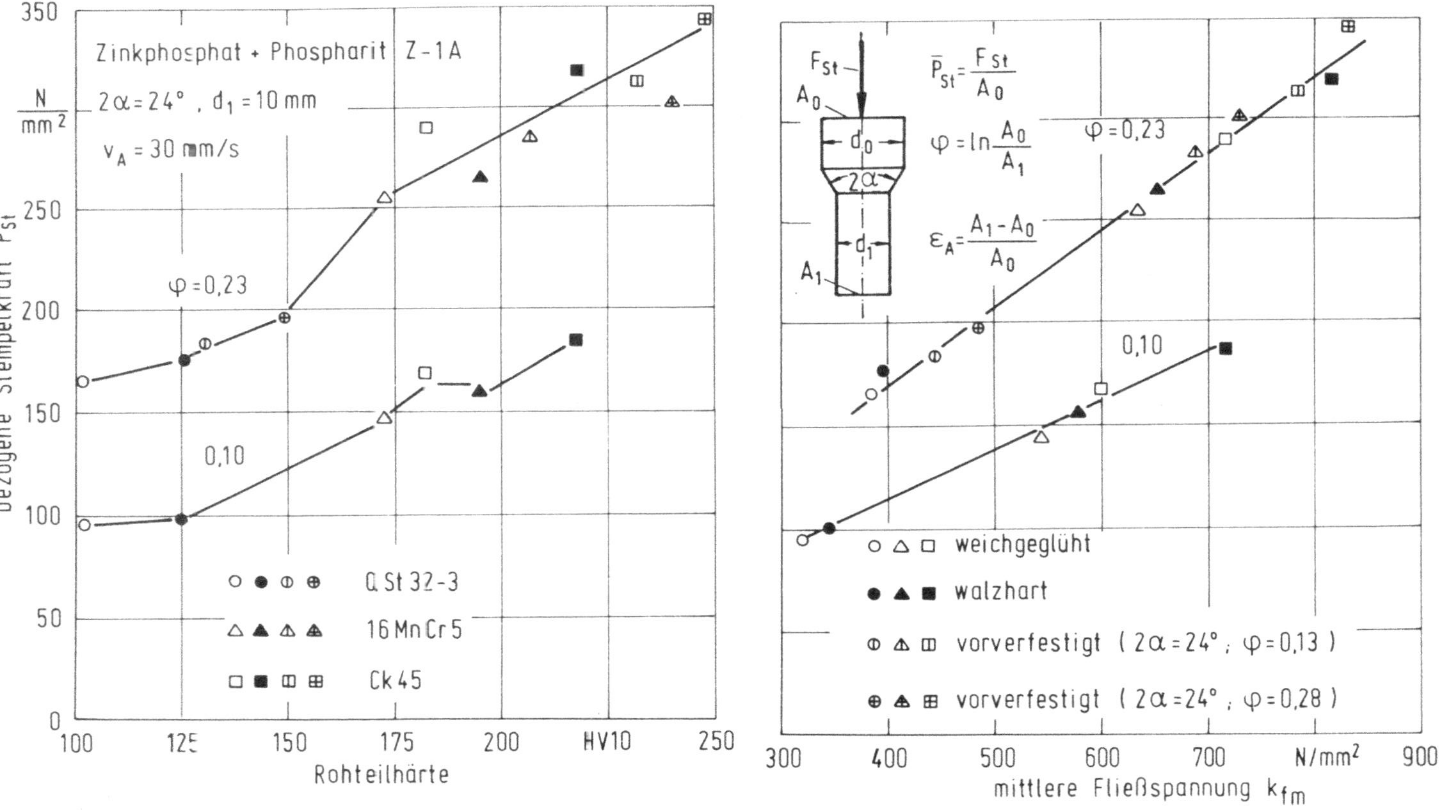

Bild 28: Kraftbedarf in Abhängigkeit von der Rohteilhärte bzw. der mittleren Fließspannung $(k_{fm}=k_f\,(\varphi/2))$

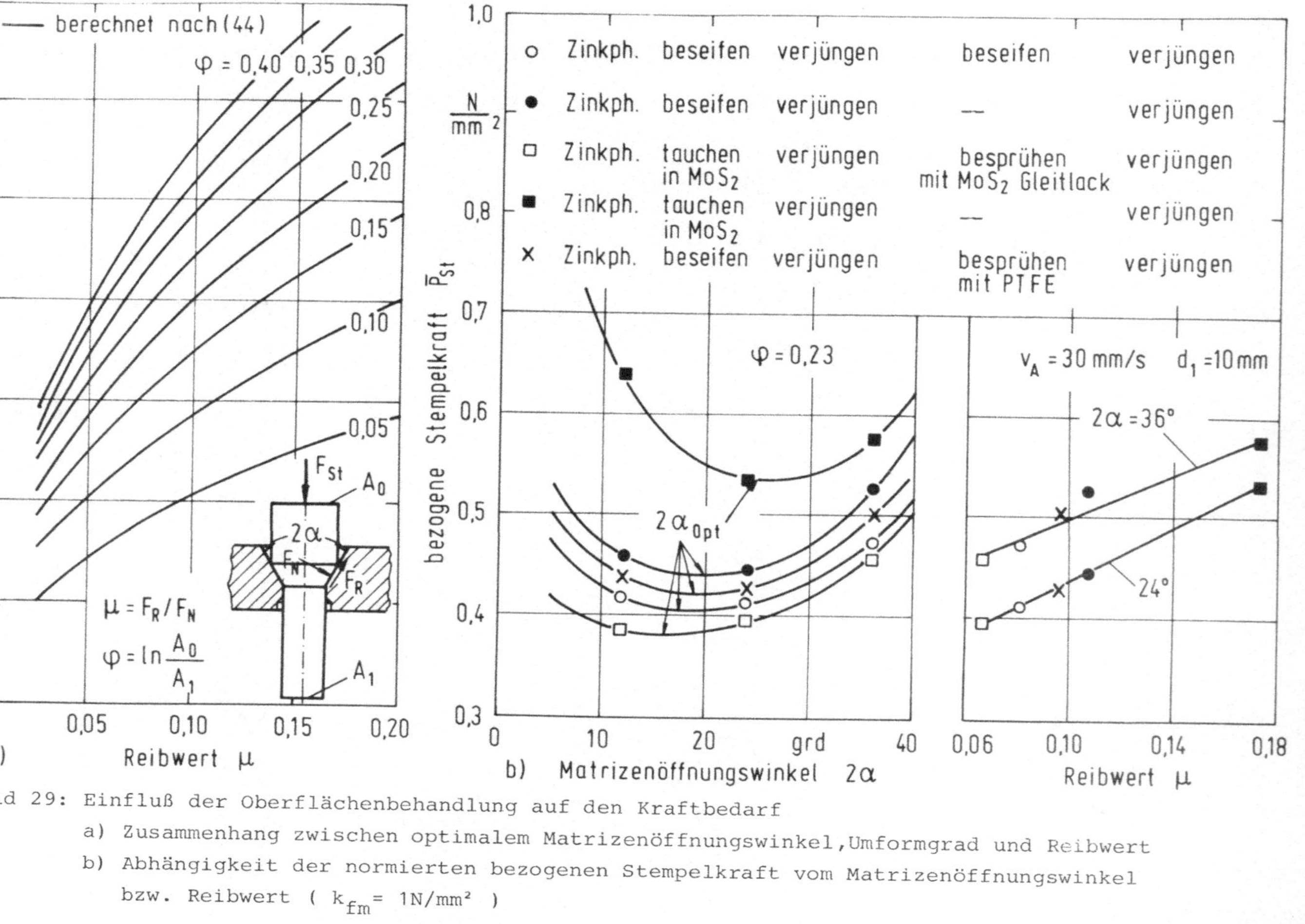

Bild 29: Einfluß der Oberflächenbehandlung auf den Kraftbedarf

a) Zusammenhang zwischen optimalem Matrizenöffnungswinkel, Umformgrad und Reibwert

b) Abhängigkeit der normierten bezogenen Stempelkraft vom Matrizenöffnungswinkel bzw. Reibwert (k_{fm} = 1N/mm²)

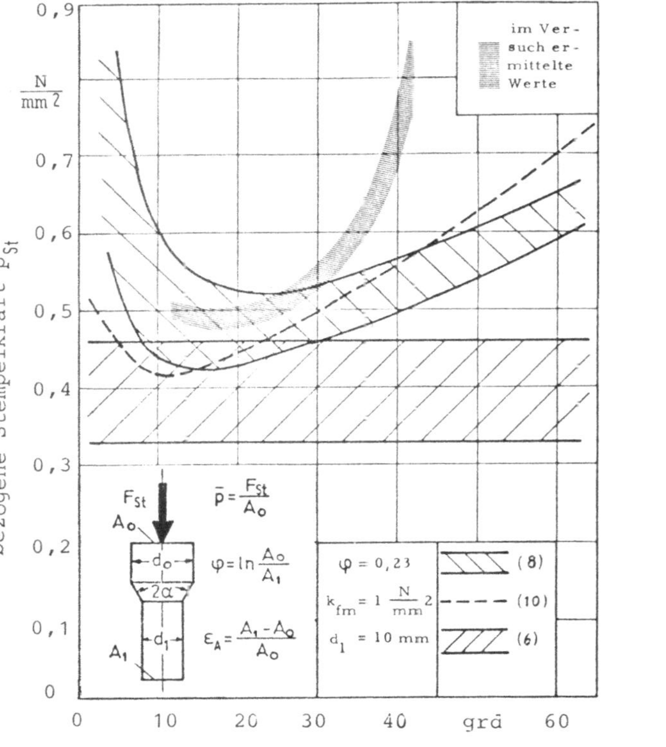

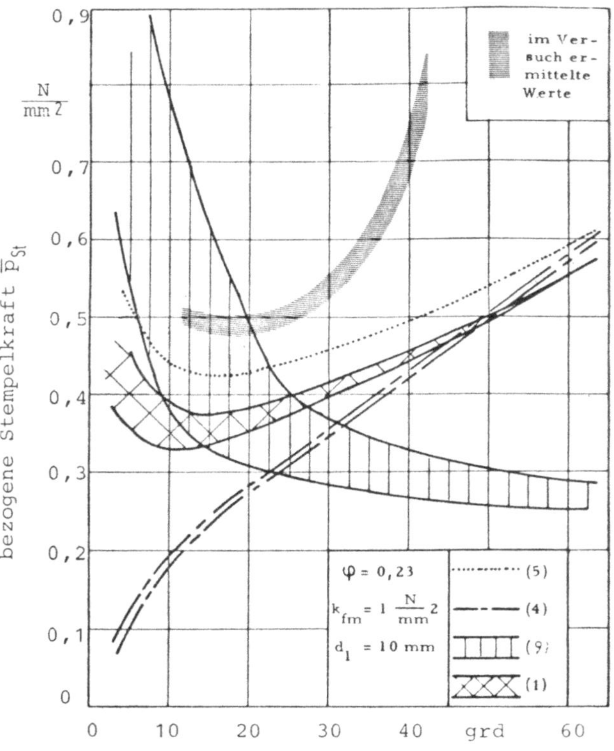

Bild 30: Bezogene Stempelkraft in Abhängigkeit vom Matrizenöffnungswinkel, berechnet nach den im Schrifttum angegebenen Formeln (siehe Abschnitt 1.1) bzw. im Versuch ermittelt

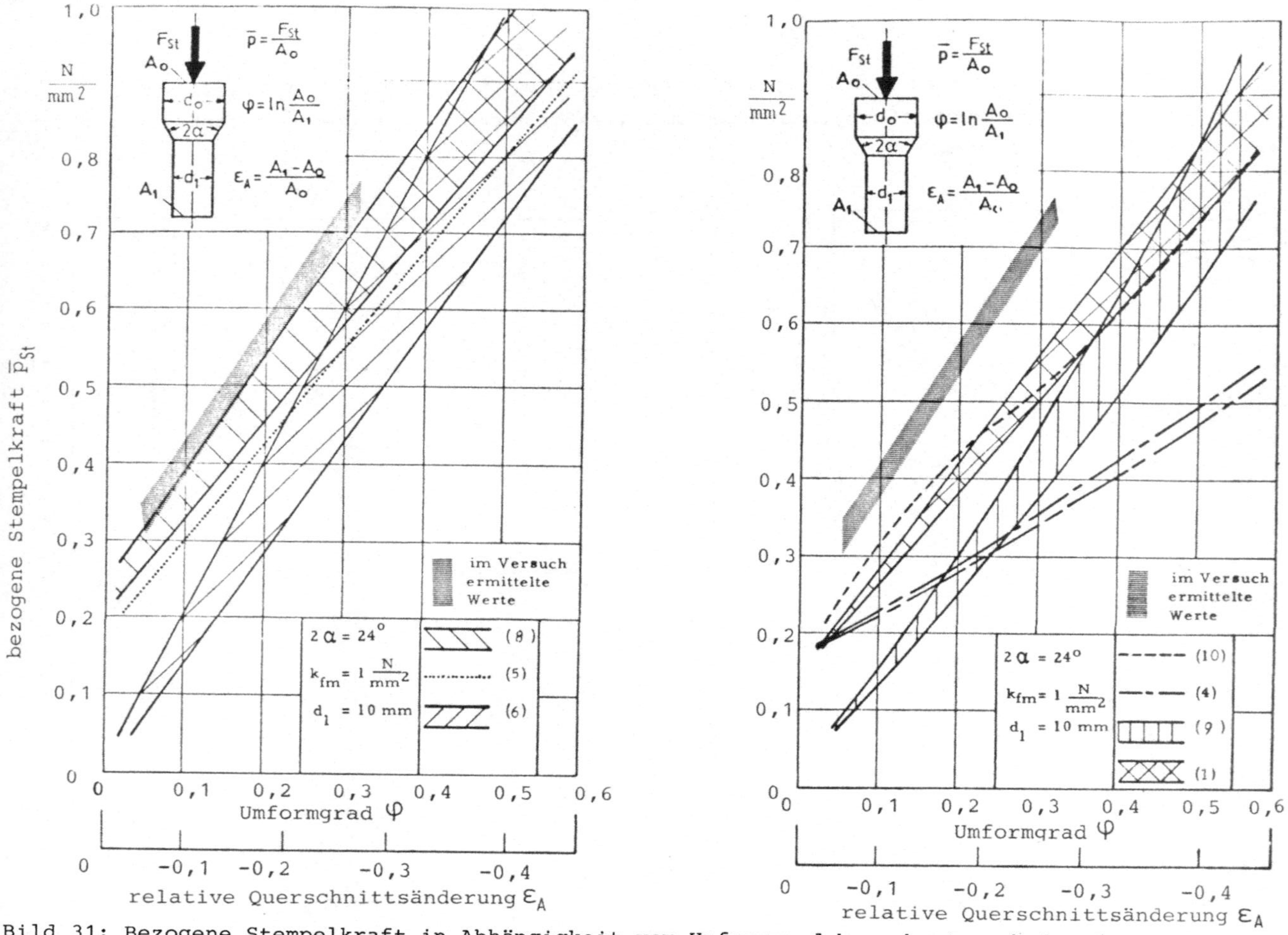

Bild 31: Bezogene Stempelkraft in Abhängigkeit vom Umformgrad, berechnet nach den im Schrifttum

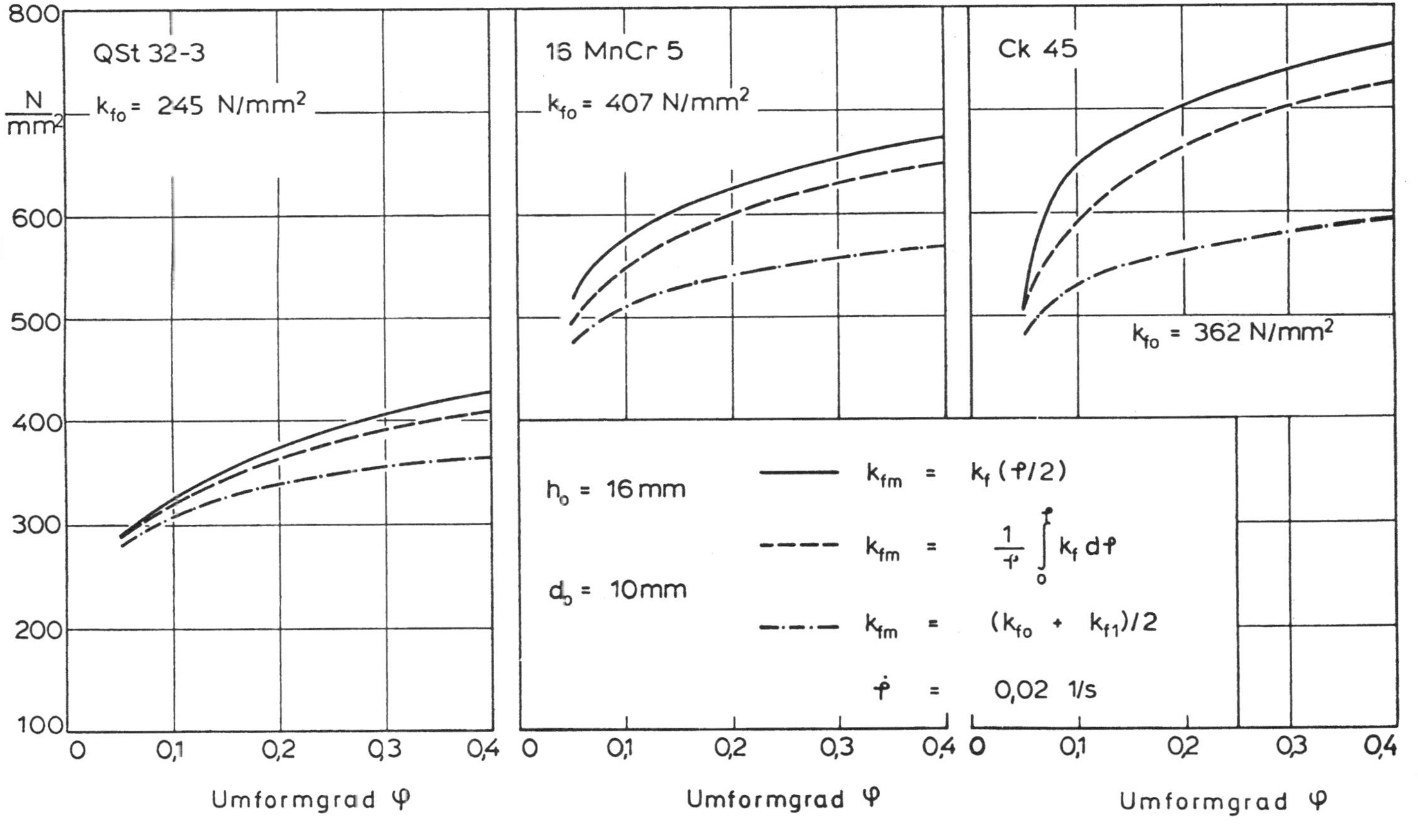

Bild 32: Unterschiedliche Ermittlungsverfahren für die mittlere Fließspannung in Abhängigkeit vom Umformgrad

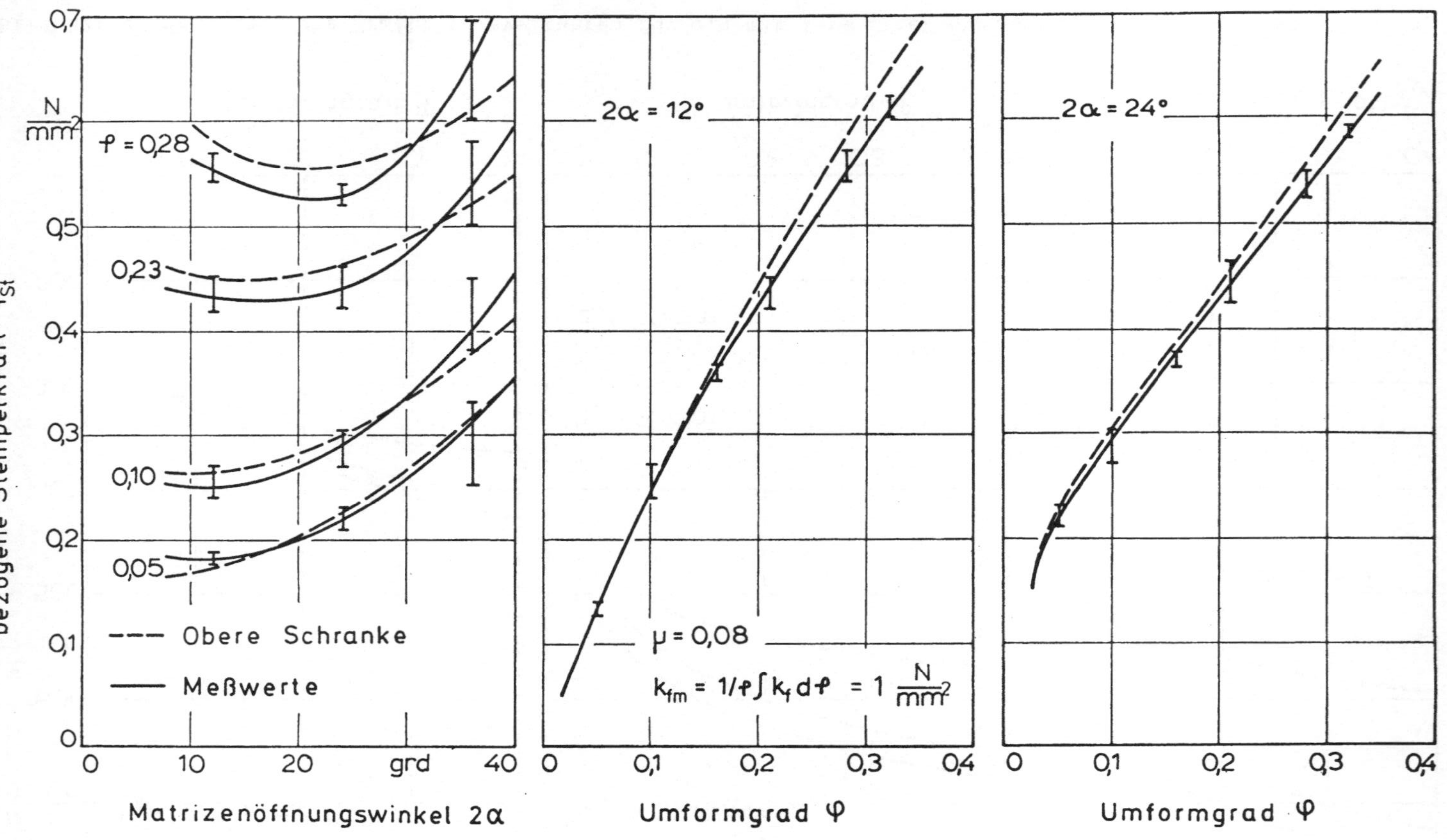

Bild 33: Vergleich zwischen gemessenen bzw. nach dem Verfahren der oberen Schranke berechneten Kräften

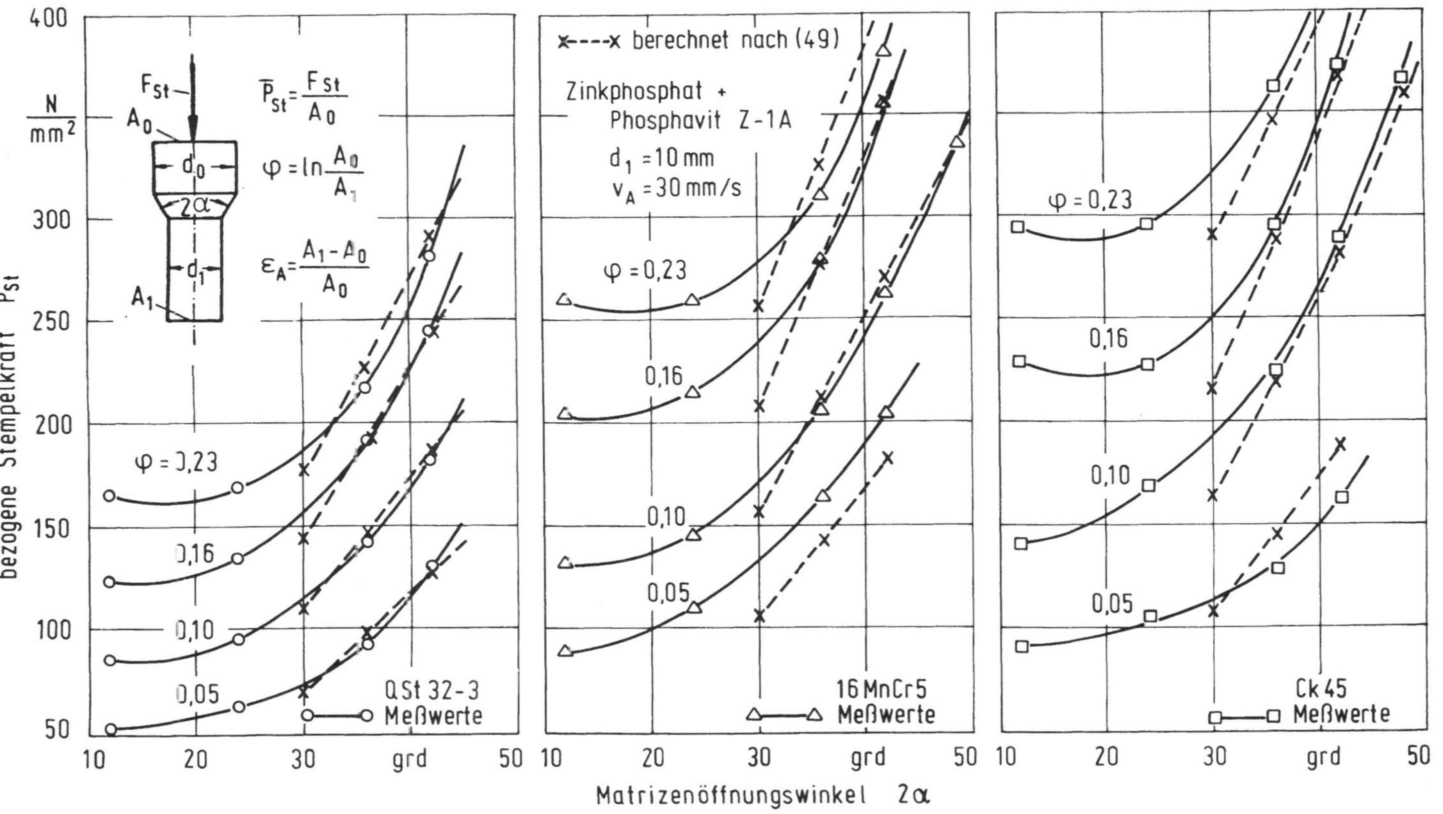

Bild 34: Vergleich zwischen gemessenen bzw. mit analytischen Gleichungen berechneten Kräften

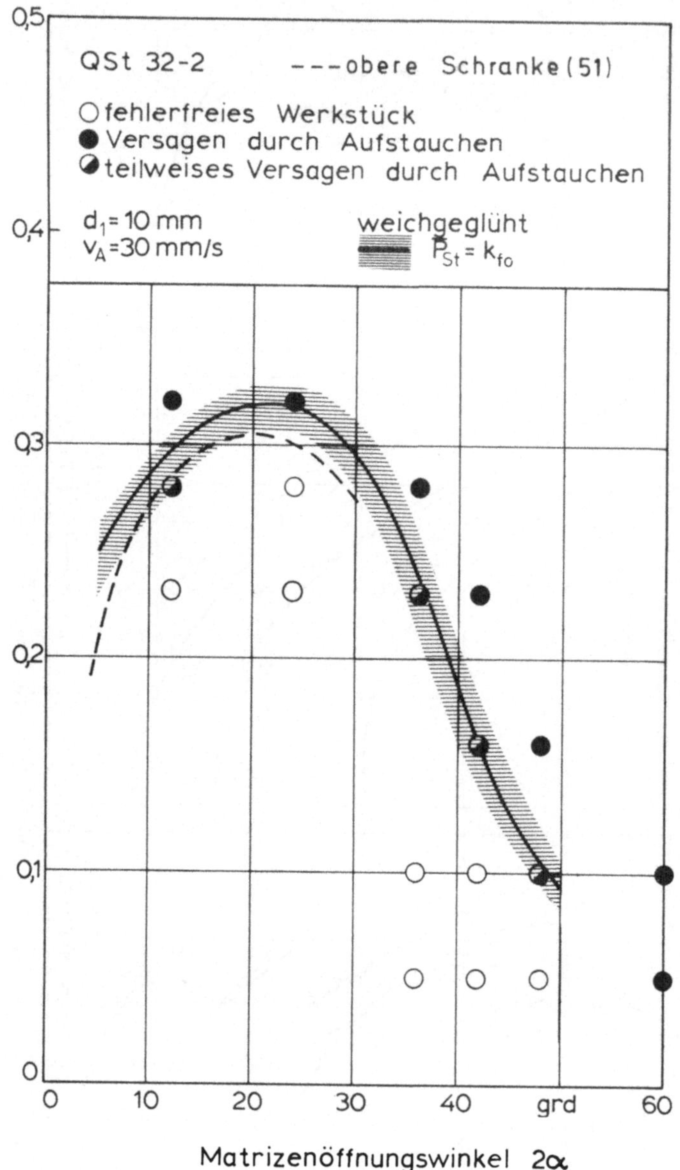

Bild 35: Verfahrensgrenze durch Aufstauchen des Rohteiles

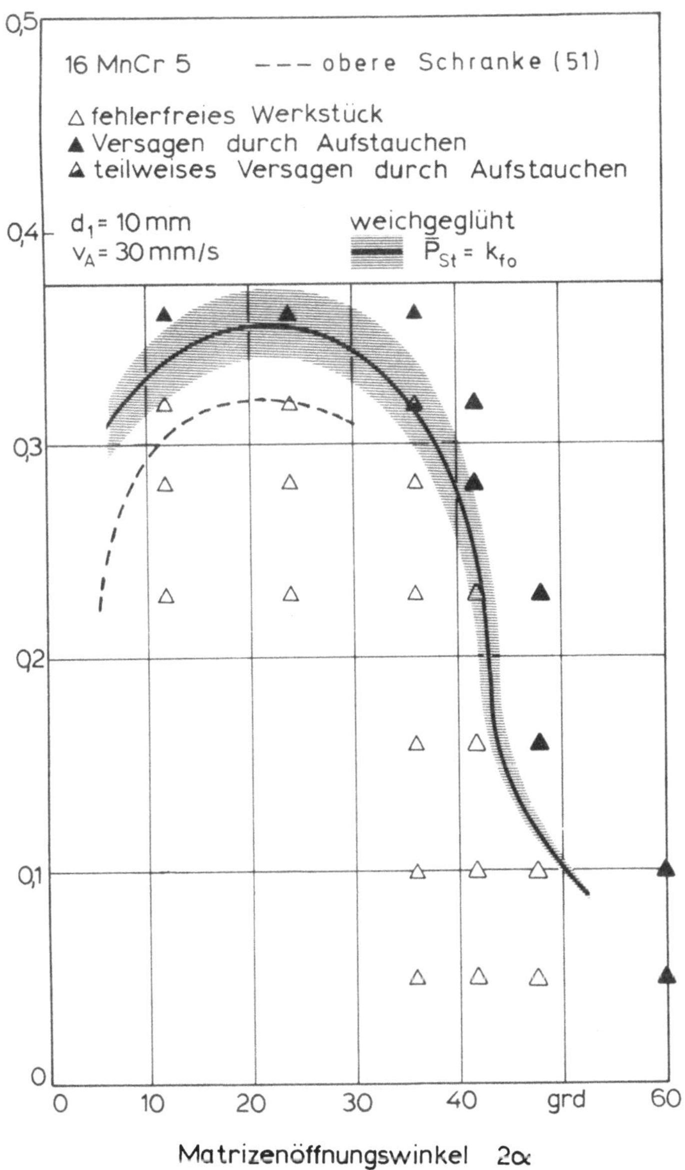

Bild 36: Verfahrensgrenze durch Aufstauchen des Rohteiles

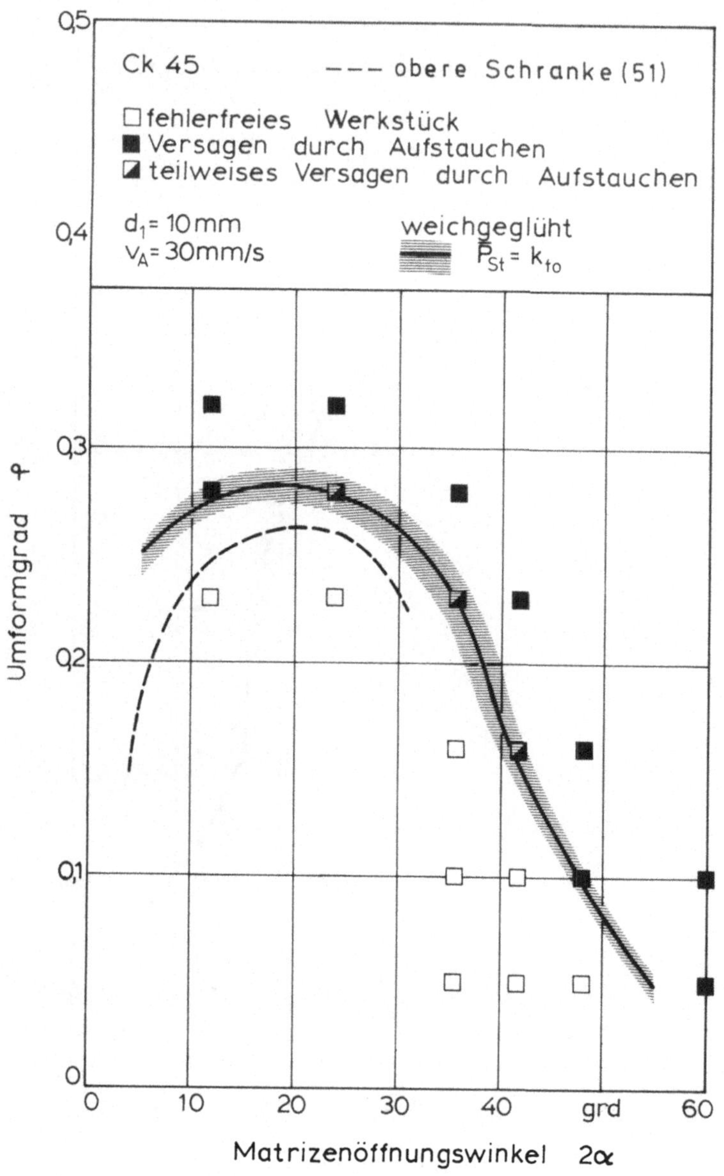

Bild 37: Verfahrensgrenze durch Aufstauchen des Rohteiles

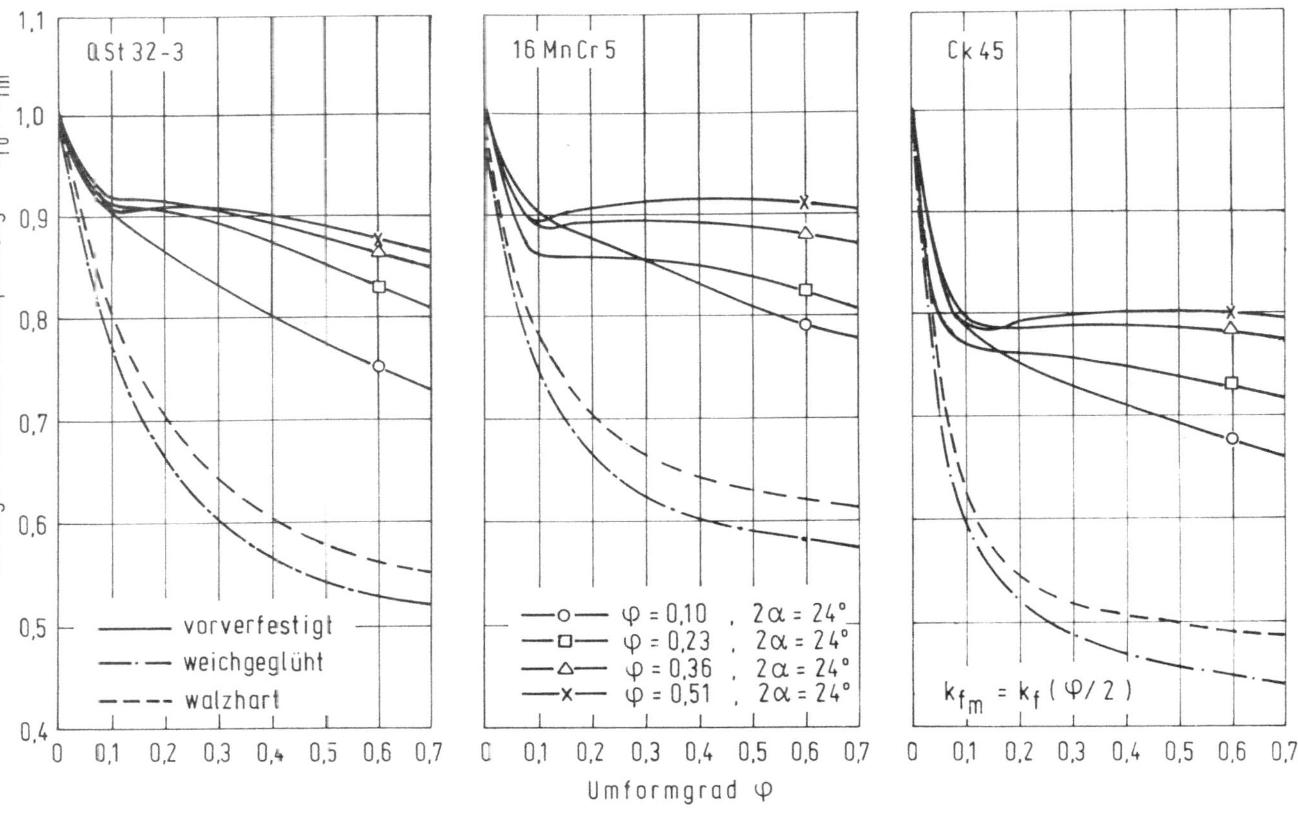

Bild 38: Verhältnis von Anfangs- zu mittlerer Fließspannung in Abhängigkeit vom Umformgrad bei unterschiedlichen Gefügezuständen

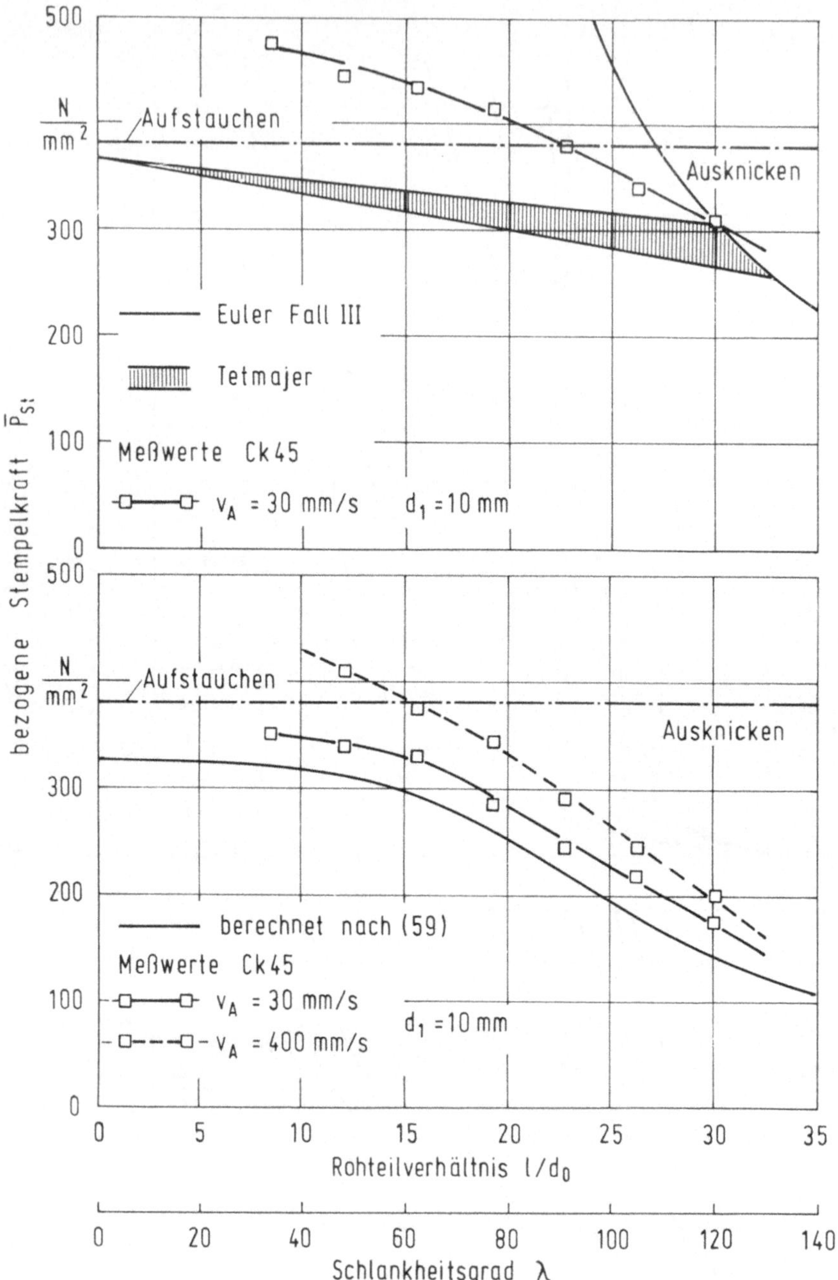

Bild 39: Verfahrensgrenze durch Ausknicken des Rohteiles

oben : für Proben mit ebenen Stirnflächen

unten: für Proben mit geneigten Stirnflächen (3°)

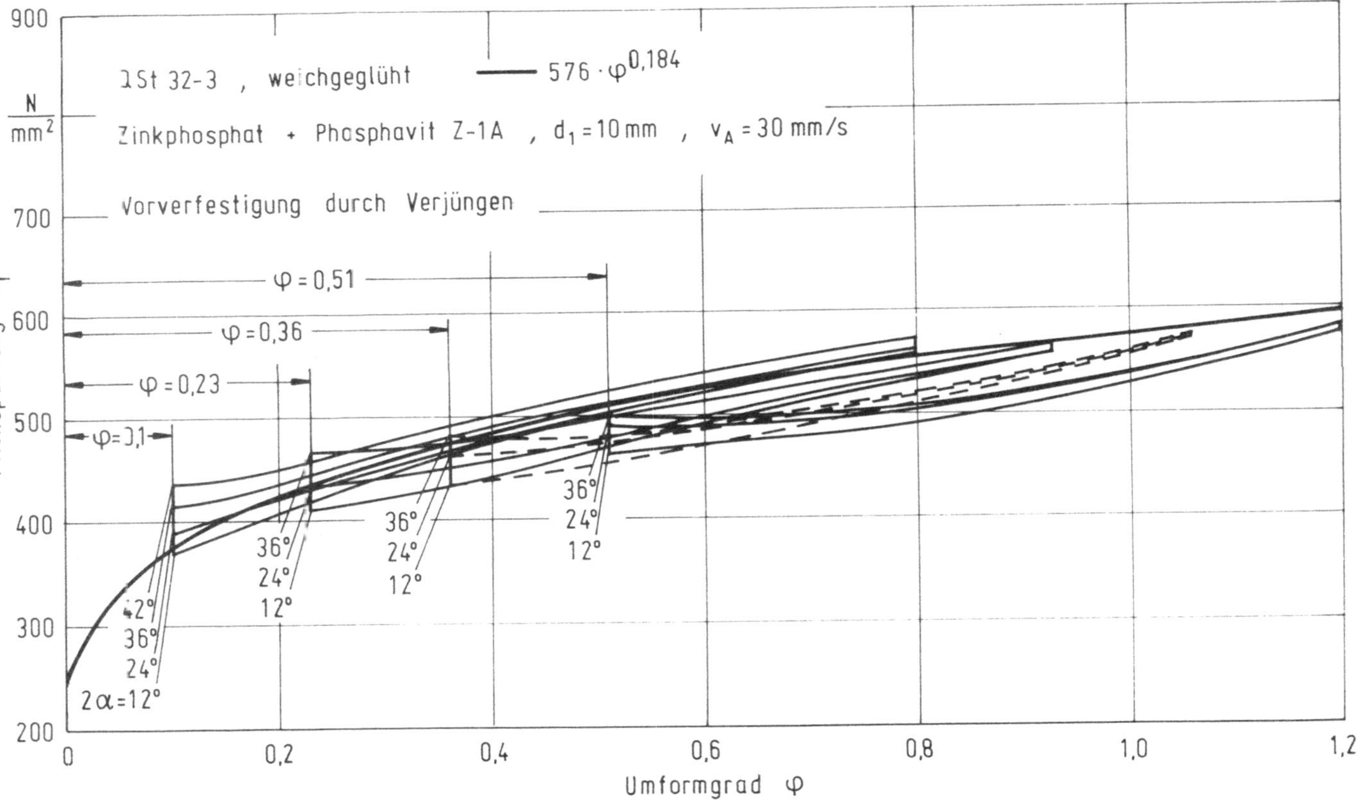

Bild 40: Fließkurven von durch Verjüngen vorverfestigten Proben

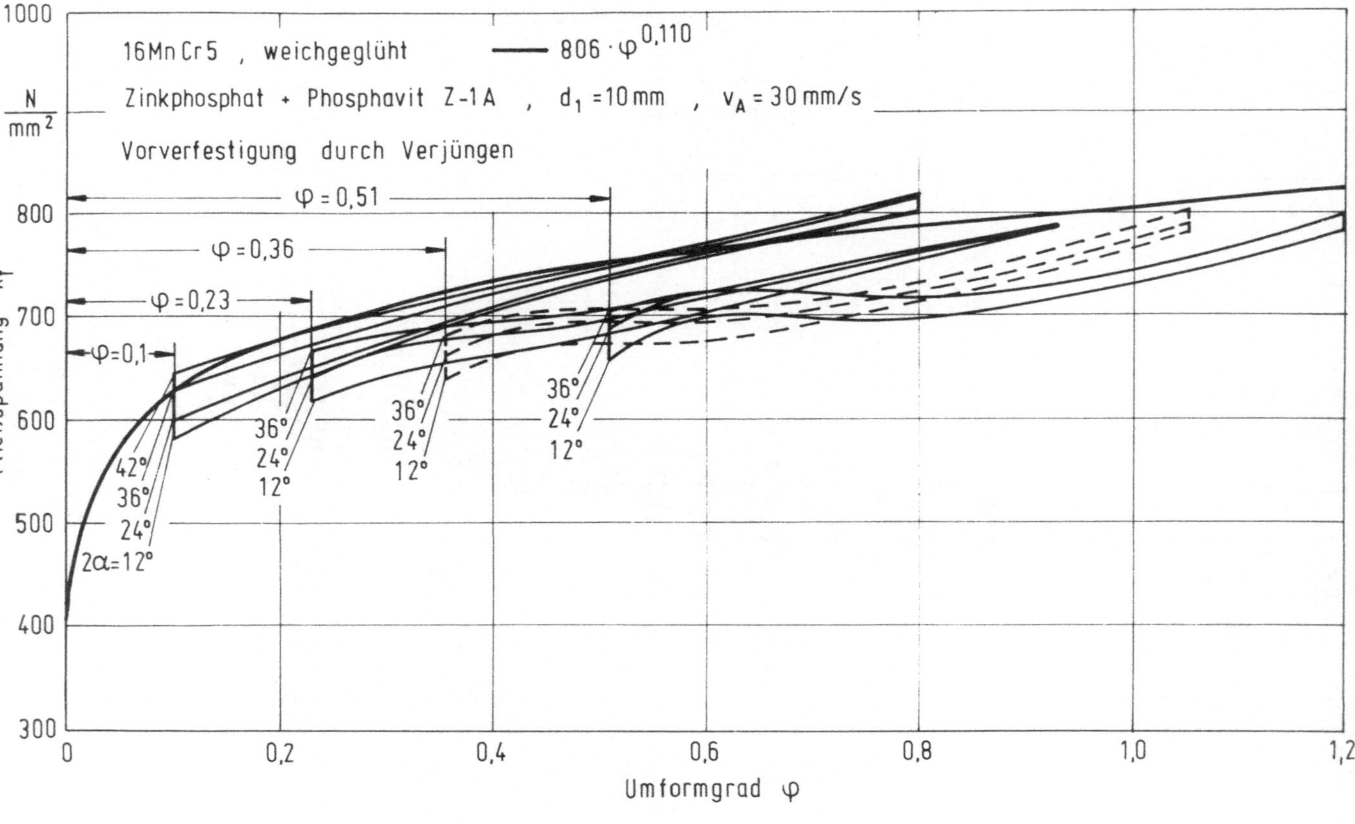

Bild 41: Fließkurven von durch Verjüngen vorverfestigten Proben

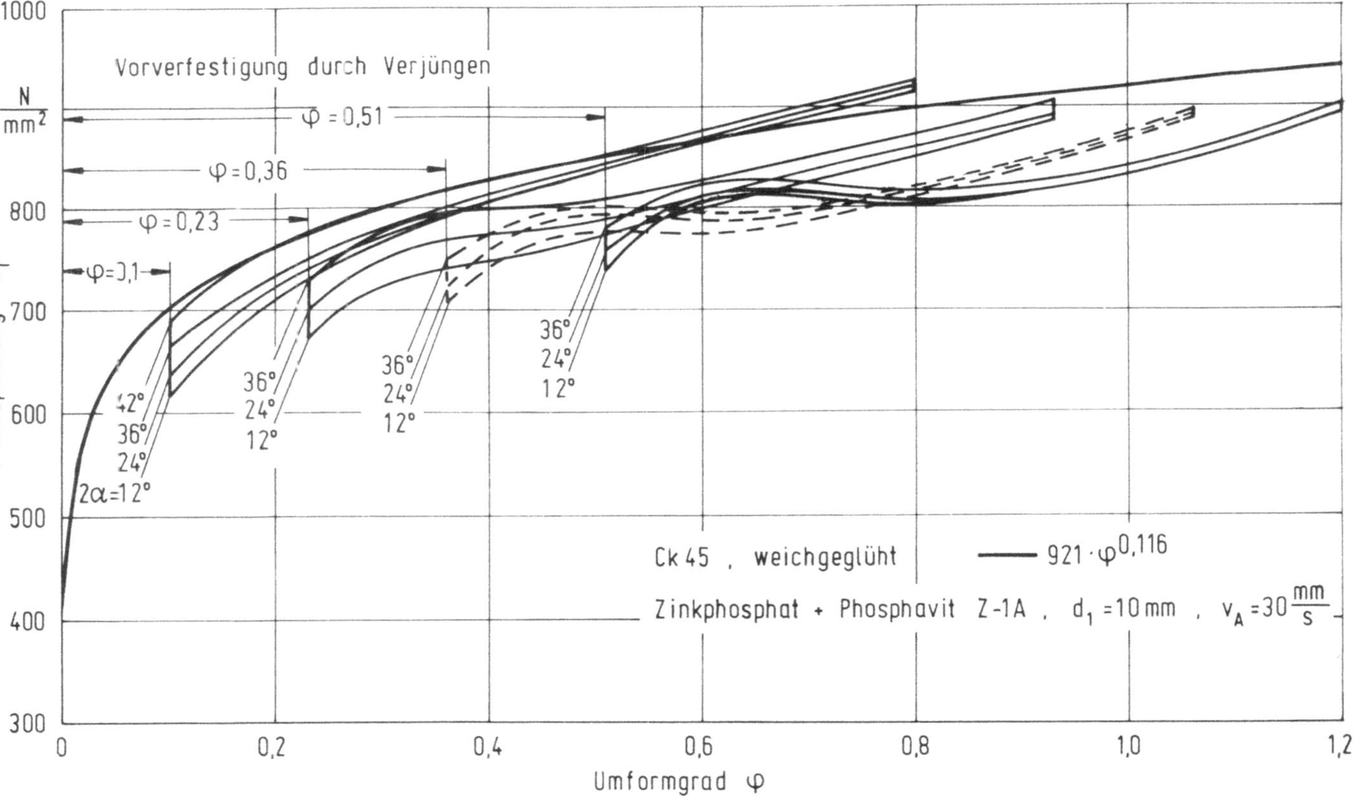

Bild 42: Fließkurven von durch Verjüngen vorverfestigten Proben

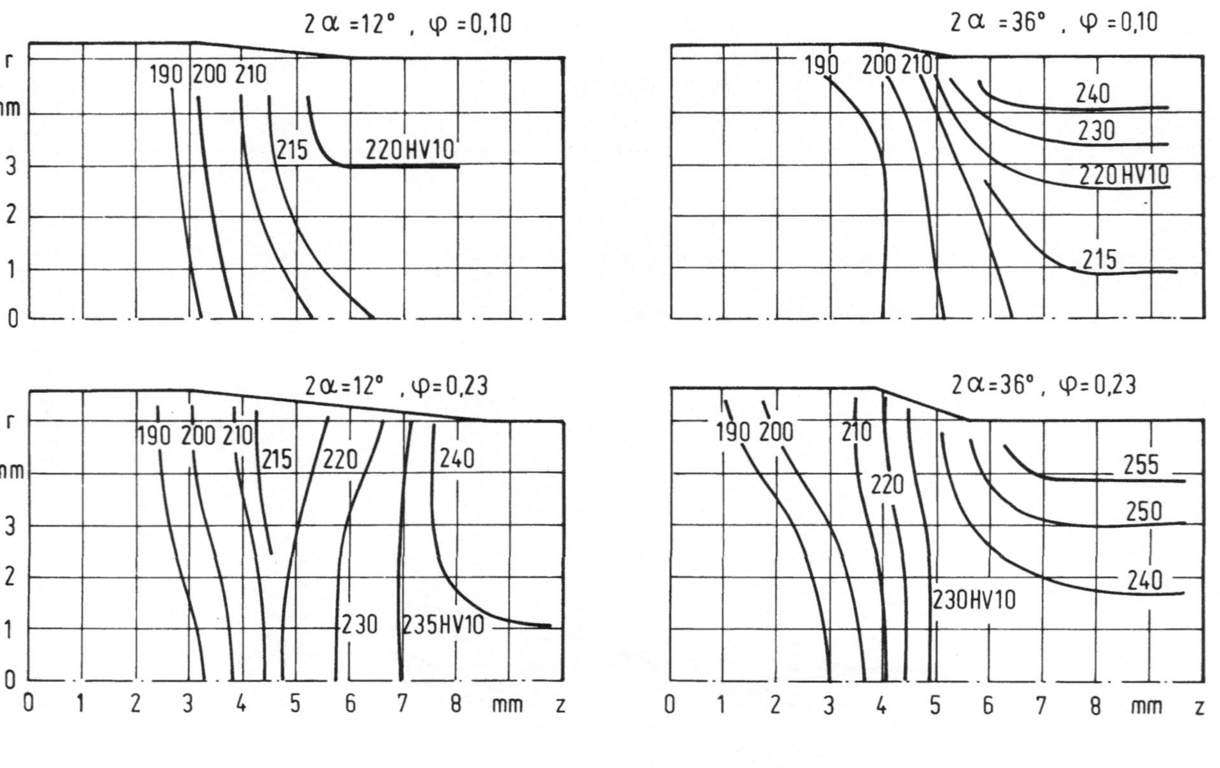

Bild 43: Linien gleicher Härte HV 10 im Bereich der Umformzone
(Ck 45,weichgeglüht,Zinkphosphat+Phosphavit Z-1A,v_A=30mm/s)

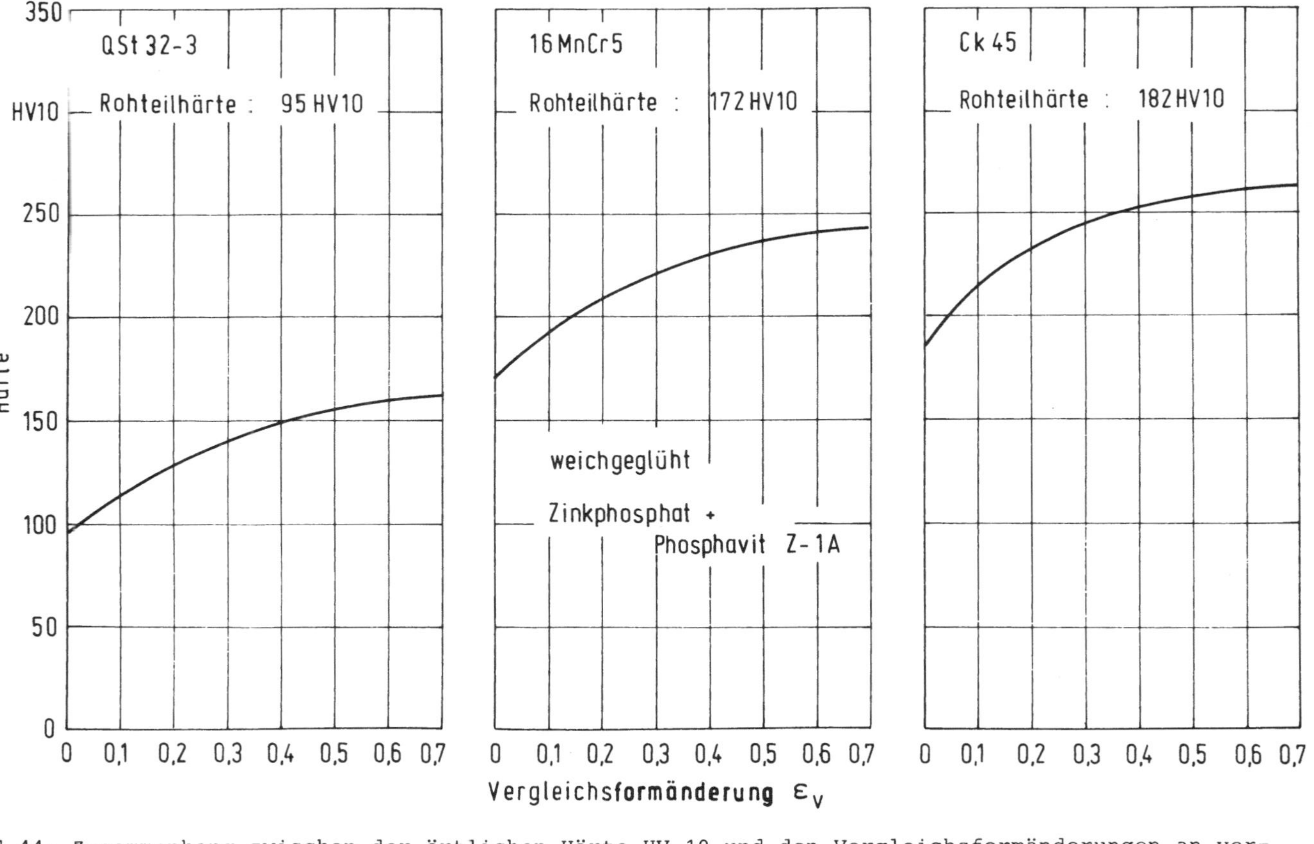

Bild 44: Zusammenhang zwischen der örtlichen Härte HV 10 und den Vergleichsformänderungen an verjüngten Werkstücken (Vergleichsformänderungen bestimmt entsprechend Abschnitt 2.1.2,
Bilder 13, 14, 15)

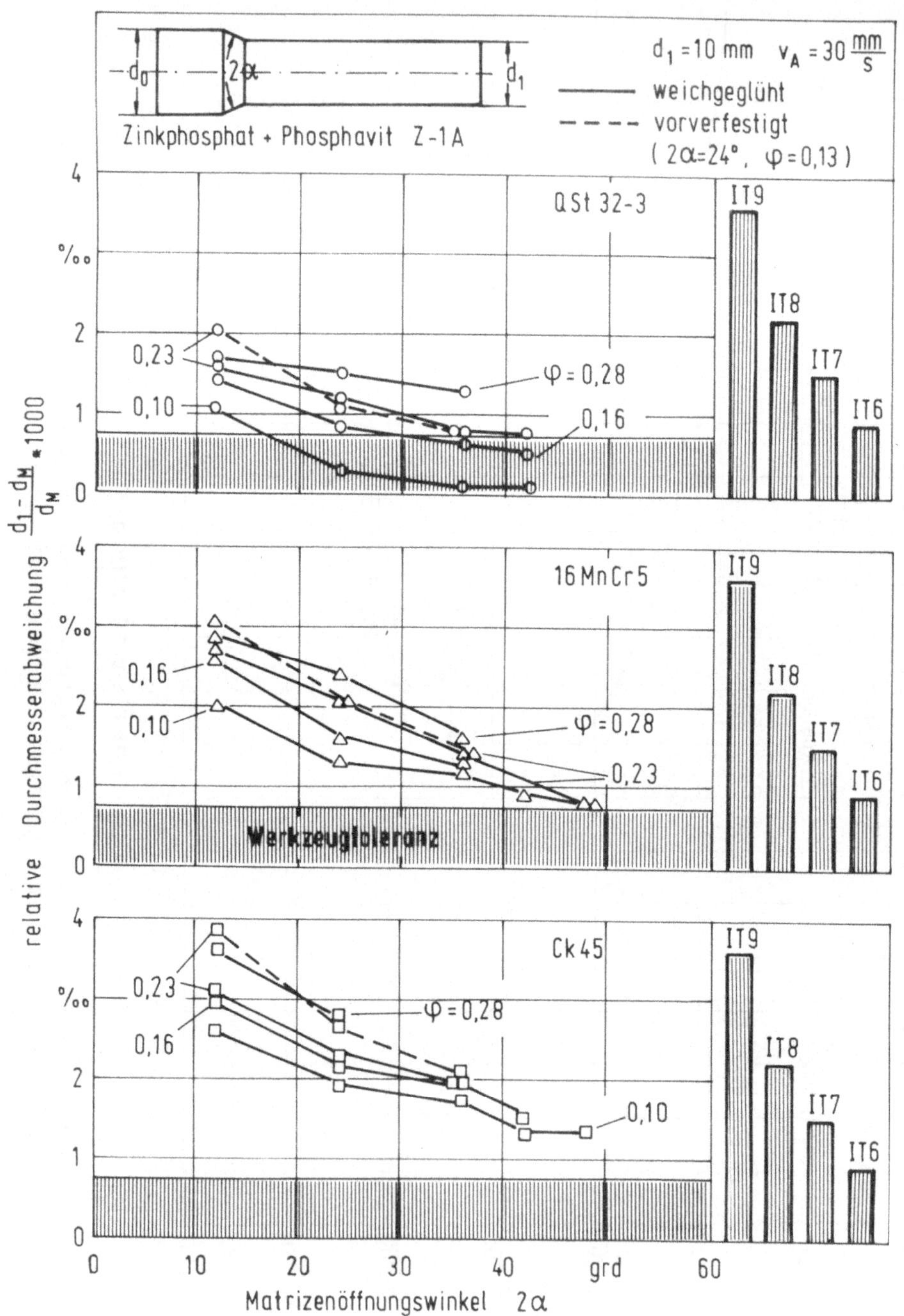

Bild 45 : Abhängigkeit der relativen Durchmesserabweichung
vom Matrizenöffnungswinkel

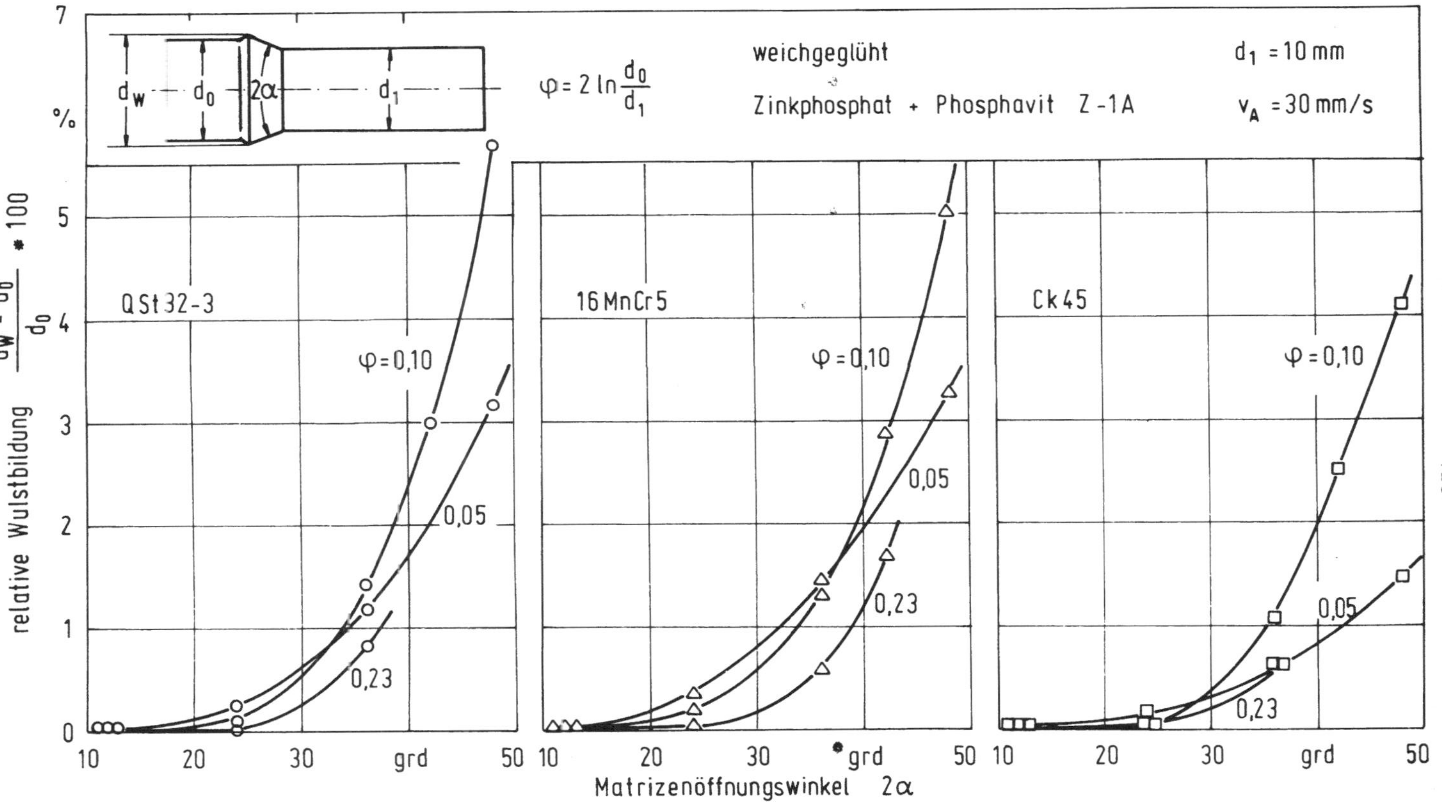

Bild 46: Abhängigkeit der relativen Wulstbildung vom Matrizenöffnungswinkel

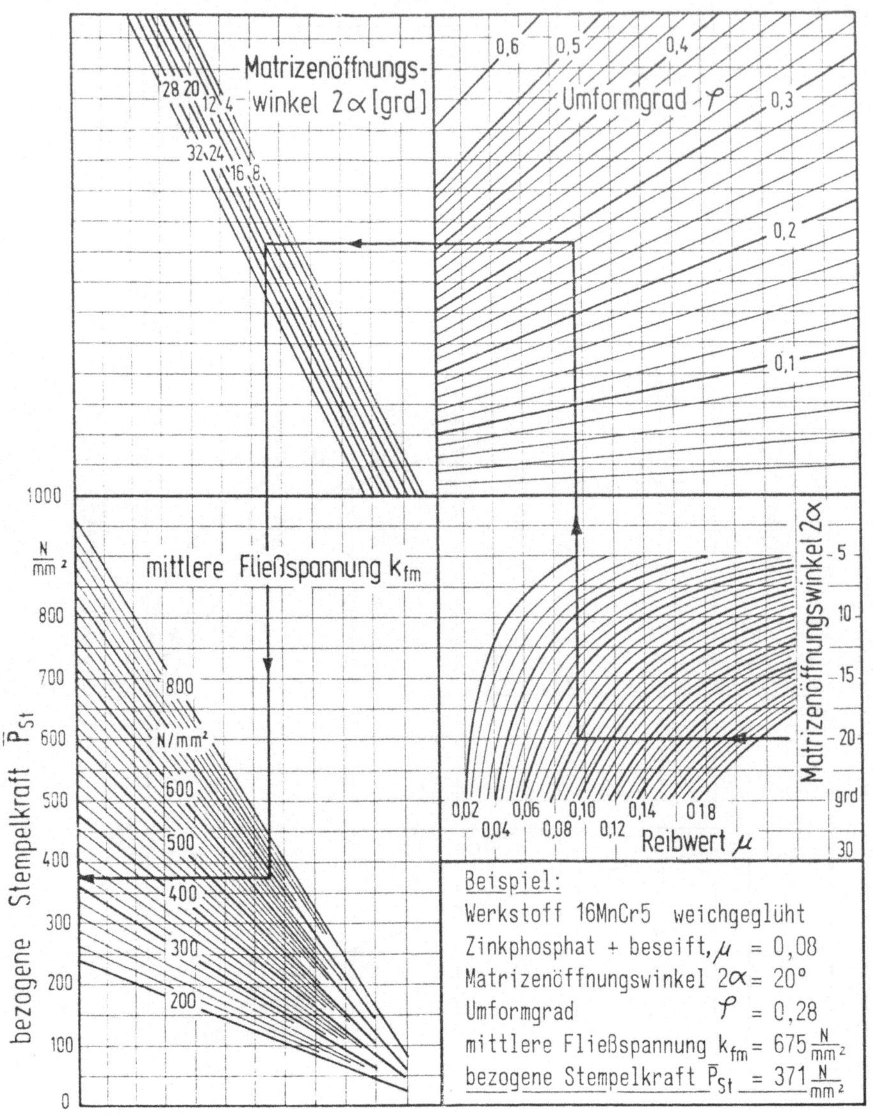

Bild 47: Nomogramm zur Ermittlung der bezogenen Stempelkraft nach dem Verfahren der oberen Schranke

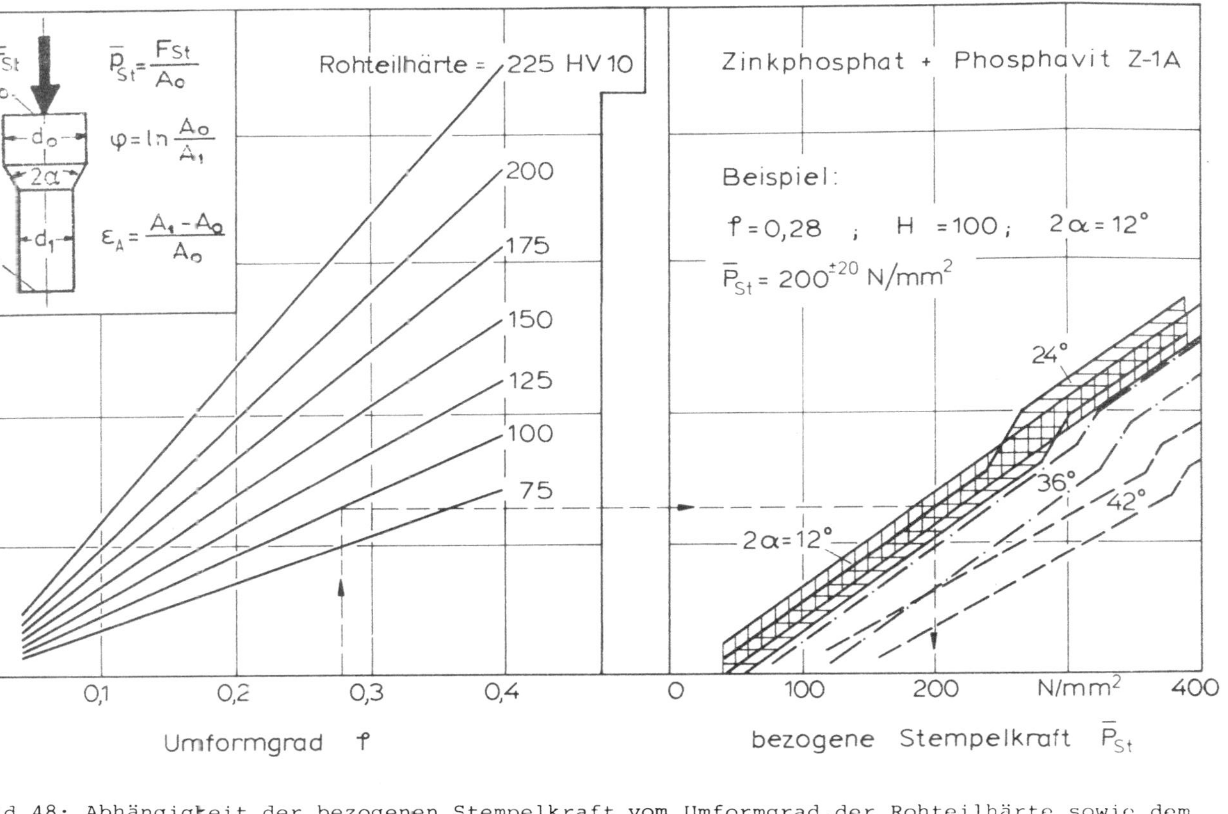

Bild 48: Abhängigkeit der bezogenen Stempelkraft vom Umformgrad, der Rohteilhärte sowie dem Matrizenöffnungswinkel unter Zugrundelegung von Meßwerten

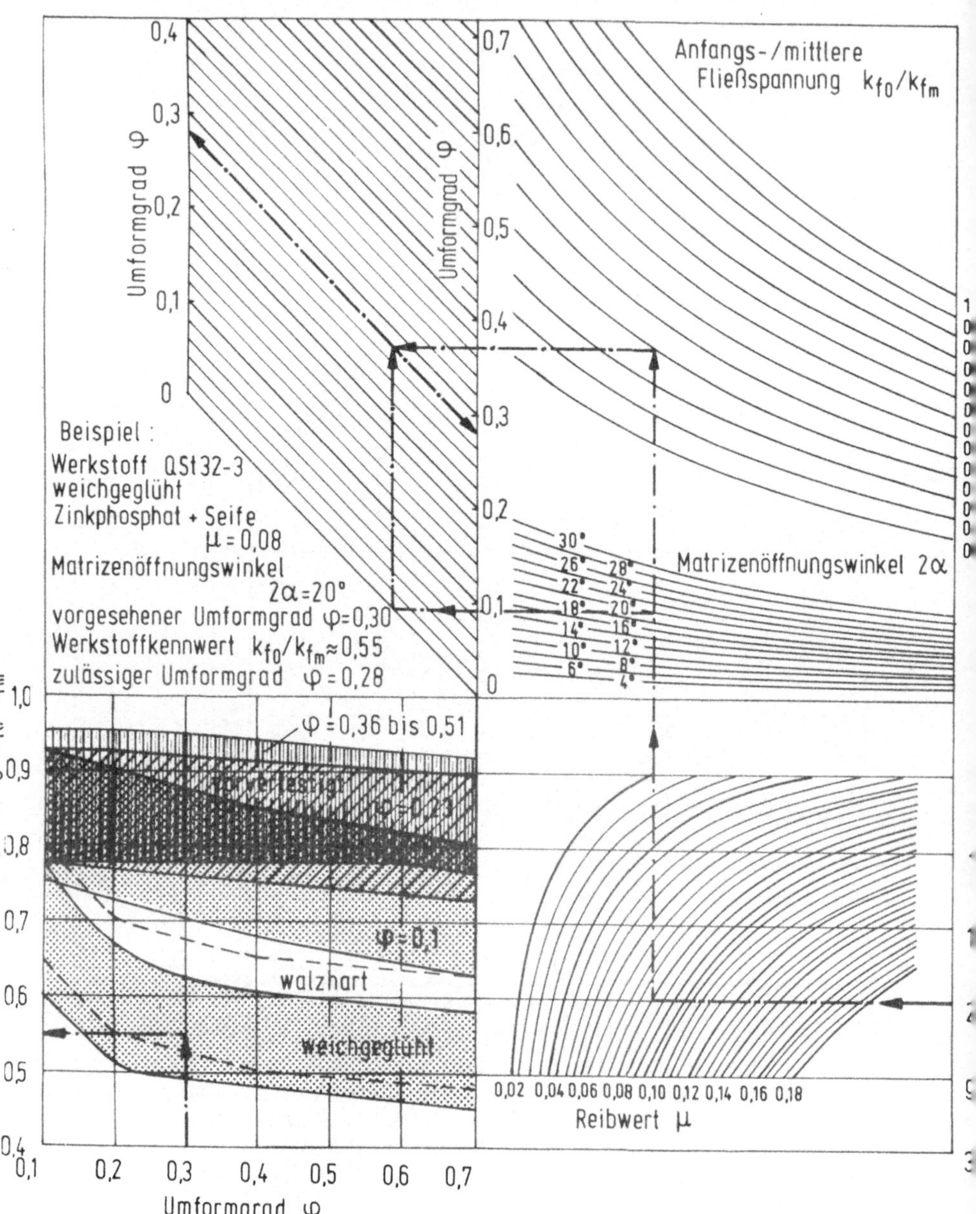

Bild 49: Nomogramm zur Ermittlung des maximal zulässigen Umformgrads nach dem Verfahren der oberen Schranke (Verfahrensgrenze Aufstauchen)

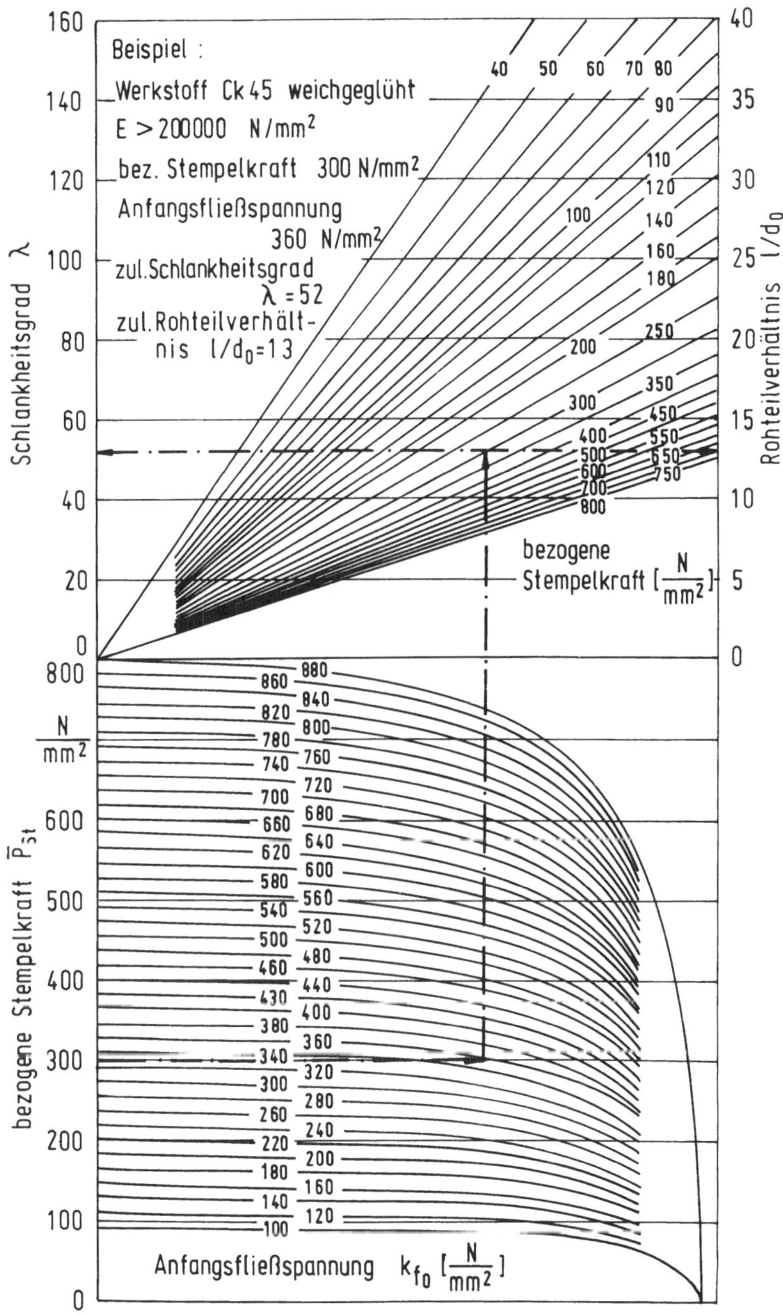

Bild 50: Nomogramm zur Ermittlung des zulässigen Schlankheitsgrades (Verfahrensgrenze Ausknicken)

Tabelle 1: Chemische Zusammensetzung der Versuchswerkstoffe   (Stückanalyse)

Werkstoff	Legierungsbestandteile in %								
	C	Si	Mn	P	S	Al	Cr	Ni	Cu
QSt 32-3	0.06	0,04	0,34	0,009	0,005	0,55	-	-	0,03
16 MnCr 5	0.18	0,29	1.20	0,013	0,032	0,037	1.06	0.07	0.15
Ck 45	0.42	0.25	0.73	0.021	0.035	0.019	0.15	0.15	0.32

Tabelle 2: Mechanische Eigenschaften der Versuchswerkstoffe

Versuchswerkstoff / Kennwert	Gefügezustand	Härte HV 10	Anfangsfließspannung k_{fo} N/mm²	Verfestigungsexponent n	E-Modul N/mm²	Re N/mm²	Rm	A %	Z %
QSt 32-3	walzhart	125	278						
16 MnCr 5	walzhart	195	452						
Ck 45	walzhart	217	444						
QSt 32-3	weichgeglüht	95	245	0,184	216 209	248	320	46,4	81,0
16 MnCr 5	weichgeglüht	172	407	0,110	230 107	301[x]	478	38,0	75,4
Ck 45	weichgeglüht	182	362	0,116	233 431	340[x]	599	31,4	58,0

x) $R_{p0,2}$

Tabelle 3: Versuchsplan zur Bestimmung des Kraftbedarfs

Werkstückstoff	: QSt 32-3, 16 MnCr 5, Ck 45	Schaftdurchmesser	: d_1[mm] = 5; 10; 11,2; 20
Gefügezustand	: walzhart, weichgeglüht, vorverfestigt	Rohteilgröße	: h_0 = 80 mm, d_0 entsprechend φ
Umformgrad	: φ = 0,05;0,10;0,13;0,16;0,23;0,28;0,32	Stempelauftreffgeschwindigkeit	: v_A[mm/s] = 30, 180, 370
Oberflächenbehandlung	: Zinkphosphat + Seife : Zinkphosphat + MoS_2	Matrizenöffnungswinkel	: 2α = 12°, 24°, 36°, 42°, 48°

QSt 32-3, 16 MnCr 5, Ck 45 — Zinkphosphat + Seife — d_1 = 10 mm — v_A = 30 mm/s

o walzhart x weichgeglüht □ vorverfestigt

φ \ 2α	12°	24°	36°	42°	48°
0.05	x	x	x	x	x
0.10	o x	o x	o x	o x	o x
0.16	x	x	x	x	
0.23	o x □	o x □	o x □	o x □	
0.28	x	x	x		
0.32	x	x	x		

QSt 32-3 — weichgeglüht — walzhart — Zinkphosphat + Seife — v_A = 30 mm/s

d_1 [mm] \ 2α (φ)	24°		36°	
	0,1	0,23	0,1	0,23
5	x	x	x	x
10	x	x	x	x
20	x	x	x	x

QSt 32-3, 16 MnCr 5, Ck 45 — weichgeglüht — d_1 = 11,2 mm — Zinkph. + MoS_2 — Zinkph. + Seife

φ	2α	v_A[mm/s] 30	180	370
0.13	24°	x	x	x
0.28	24°	x	x	x
0.13	36°	x	x	x
0.28	36°	x	x	x

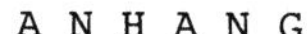

ANHANG

A 1   <u>Herleitung der Radialgeschwindigkeitskomponente in</u>
        <u>Abschnitt 2.2</u>

Unter Berücksichtigung der Volumenkonstanz sowie der getroffenen Annahmen ergibt sich die Axialgeschwindigkeit aus der Beziehung

$$-v_o r_o^2 = -v_z z^2 \tan^2 \alpha = - v_1 r_1^2 \qquad\qquad (A\ 1)$$

zu

$$v_z = v_o r_o^2 / z^2 \ \tan^2 \alpha , \qquad\qquad (A\ 2)$$

Die Geschwindigkeitskomponente in radialer Richtung wird über
die Kontinuitätsgleichung berechnet. Danach gilt:

$$\frac{\partial v_r}{\partial r} + \frac{v_r}{r} + \frac{\partial v_z}{\partial z} = 0 \qquad\qquad (A\ 3)$$

$$\frac{\partial v_z}{\partial z} = - \frac{2 v_o r_o^2}{z^3 \tan^2 \alpha} . \qquad\qquad (A\ 4)$$

Lösung der homogenen Differentialgleichung:

$$\frac{\partial v_r}{\partial r} + \frac{v_r}{r} = 0 \qquad\qquad (A\ 5)$$

$$\frac{\partial v_r}{v_r} + \frac{\partial r}{r} = 0 \qquad\qquad (A\ 6)$$

$$\ln v_r + \ln r = \ln C \qquad\qquad (A\ 7)$$

$$v_r = \frac{C}{r} . \qquad\qquad (A\ 8)$$

Lösung der inhomogenen Differentialgleichung:

$$\frac{\partial v_r}{\partial r} = \frac{1}{r} C' - \frac{1}{r^2} C \qquad\qquad (A\ 9)$$

in (A 3) eingesetzt

$$\frac{1}{r}\, C' - \frac{1}{r^2}\, C + \frac{1}{r^2}\, C = \frac{2v_o\, r_o^2}{z^3\, \tan^2 \alpha} \qquad\qquad \text{(A 10)}$$

$$C' = 2rv_o\, r_o^2\ /\ z^3\, \tan^2 \alpha \qquad\qquad \text{(A 11)}$$

$$C = (r^2 v_o r_o^2\ /\ z^3\, \tan^2 \alpha) + C^* \qquad\qquad \text{(A 12)}$$

$$v_r = \frac{1}{r}\ \left(\frac{r^2 v_o r_o^2}{z^3 \tan^2 \alpha} + C^* \right). \qquad\qquad \text{(A 13)}$$

Für $v_r = 0$ an der Stelle $r = 0$ folgt $C^* = 0$. Somit ergibt sich für die Geschwindigkeitskomponente in radialer Richtung die Beziehung

$$v_r = r \cdot v_o \cdot r_o^2\ /\ z^3 \tan^2 \alpha. \qquad\qquad \text{(A 14)}$$

A 2   <u>Berechnung der ideellen Umformkraft nach dem Verfahren der oberen Schranke</u>

Zur Berechnung der ideellen Umformkraft werden die Gleichungen (15 a) bis (15 d) sowie (24 a) und (24 b) in (26) eingesetzt:

$$F_{id} = \frac{\sqrt{2} \cdot k_f}{\sqrt{3} \cdot v_o} \int\limits_V \sqrt{6\,\frac{v_o^2 r_o^4}{z^6 \tan^4 \alpha} + \frac{9 r^2 v_o^2 r_o^4}{2z^2\ z^6\ \tan^4 \alpha}}\ \ dV , \qquad \text{(A 15)}$$

$$\tan \Theta = \frac{r}{2}; \qquad \sin \Theta = \frac{r}{x}; \qquad y = \frac{1}{\cos \Theta} \cdot \frac{r}{\sin \Theta} \cdot d\Theta ,$$

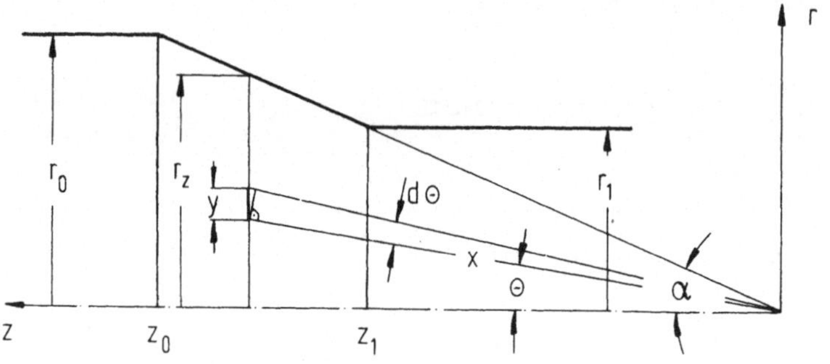

$$dV = 2\pi\, r^2\, \frac{1}{\cos \Theta\ \sin \Theta}\, d\Theta \cdot dz . \qquad\qquad \text{(A 16)}$$

Mit den getroffenen Vereinbarungen kann für das Volumeninte-
gral geschrieben werden

$$F_{id} = \frac{4\pi\, k_f r_o^2}{\tan^2\alpha} \int\limits_{z_1}^{z_o} \int\limits_{0}^{\alpha} \frac{\tan^2\Theta}{z\,\cos\Theta\,\sin\Theta} \sqrt{1 + \frac{3}{4}\tan^2\Theta}\; d\Theta\cdot dz. \qquad (A\ 17)$$

Mit $\quad u = 1 + \frac{3}{4}\tan^2\Theta \quad$ und $\quad d\Theta = \frac{2\cos^2\Theta}{3\tan\Theta}\, du$

führt dies zu

$$F_{id} = \frac{16\pi\, k_f\, r_o^2}{9\tan^2\alpha}\cdot\left(\sqrt{(1 + \frac{3}{4}\tan^2\alpha)^3} - 1\right) \int\limits_{z_1}^{z_o} \frac{1}{z}\, dz, \qquad (A\ 18)$$

und daraus folgt mit $z = r_z\, /\, \tan\alpha$ für die ideelle Umformkraft

$$F_{id} = \frac{16\pi\, k_f r_o^2}{9\tan^2\alpha}\cdot\ln\frac{r_o}{r_1}\left(\sqrt{(1 + \frac{3}{4}\tan^2\alpha)^3} - 1\right), \qquad (A\ 19)$$

wobei diese Formel vereinfacht werden kann zu

$$F_{id} = \frac{8\, A_o \varphi\, k_f}{9\tan^2\alpha}\cdot\left(\sqrt{(1 + \frac{3}{4}\tan^2\alpha)^3} - 1\right). \qquad (A\ 20)$$

A 3   <u>Berechnung der Vergleichsformänderungen an den Begrenzungsflächen der Umformzone</u>

Die Relativgeschwindigkeiten an den Begrenzungsflächen können
aus Gleichung (24 b) für $z = z_o$ bzw. $z = z_1$ berechnet werden.

$$v_r - v_o \tan\Theta \quad \text{bzw.} \qquad (A\ 20\ a)$$

$$v_r = v_o \frac{r_o^2}{r_1^2} \tan\Theta\,. \qquad (A\ 20\ b)$$

Für das Schiebungsglied der Formänderungsgeschwindigkeiten
(15 d) kann, da sich die Axialgeschwindigkeiten beim Durchgang
durch die Begrenzungsflächen nicht ändern, vereinfacht geschrieben werden

$$\dot{\varepsilon}_{rz} = \frac{1}{2}\frac{\partial v_r}{\partial z}\,. \qquad (A\ 21)$$

Damit ergeben sich die Vergleichsformänderungsgeschwindigkeiten (16) zu

$$\dot{\varepsilon}_v = \frac{v_o \ \tan \Theta}{\sqrt{3}} \cdot \frac{1}{\partial z} \ , \qquad \text{(A 22 a)}$$

$$\dot{\varepsilon}_v = \frac{v_o r_o^2 \ \tan \Theta}{\sqrt{3} \ r_1^2} \cdot \frac{1}{\partial z} \ . \qquad \text{(A 22 b)}$$

Für die Vergleichsformänderungen (17) führt dies dann über

$$\varepsilon_v = \int_{t_o}^{t_1} \dot{\varepsilon}_v \ dt \qquad \text{(A 23)}$$

mit $dz/dt = v_o$ bzw. $dz/dt = v_o \dfrac{r_o^2}{r_1^2}$

zu der Beziehung

$$\varepsilon_v = \frac{1}{\sqrt{3}} \ \tan \Theta , \qquad \text{(A 24)}$$

die es ermöglicht, die Vergleichsformänderungen an den Grenzen der Umformzone zu berechnen.

A 4   <u>Definition der Formelgrößen zur Berechnung der zulässigen Knickspannung nach der Differentialgleichung der elastischen Linie</u>

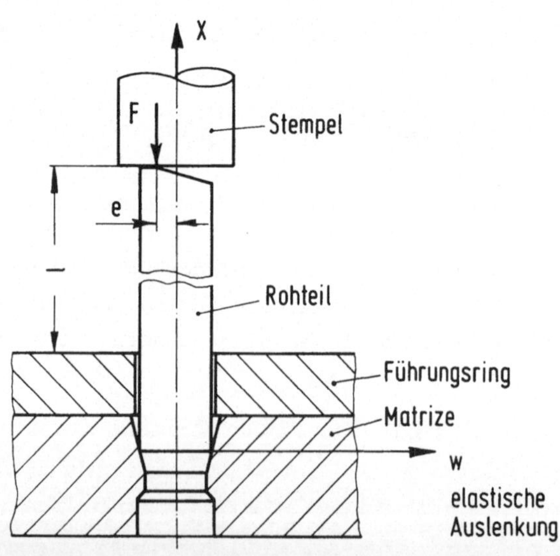

Schrifttum
____

[1]   Lange, K.: Lehrbuch der Umformtechnik, Band 1 Grund-
       lagen. Berlin /...: Springer 1972.

[2]   DIN-Norm 8583: Fertigungsverfahren Druckumformen,
       Blatt 6.

[3]   Crawford, H.: An Automatic Press for the Production
       of Stepped Shafts. NEL-Rep. 593, National Engineering
       Lab., East Kilbride, Glasgow 1975.

[4]   Reichelmann, R.: Probleme und Lösungen beim Umformen
       von Getriebe- und Hinterachsgetriebewellen aus Zahnrad-
       vergütungs- und Edelstählen. VDI-Berichte Nr. 266,
       S. 85 - 88. Düsseldorf: VDI-Verlag 1976.

[5]   Turlach, G.: Halbwarm- und Warmumformung von Titan-
       legierungen und hochwarmfesten Werkstoffen. VDI-Berich-
       te Nr. 266, S. 121 - 130. Düsseldorf: VDI-Verlag 1976.

[6]   Liekmeier, F.: Einführung der Massivumformung auf
       Mehrstufenpressen. Draht 22 (1971) Nr. 3, S. 144 -
       153.

[7]   Liebergeld, R.: Probleme bei der Entwicklung von Ver-
       fahren zur Kaltumformung von Antriebswellen und An-
       triebskegelrädern. Proc. 5. International Cold For-
       ging Congress, Brighton: 1975.

[8]   Sieber, K.: Vom Draht zur Schraube. Konstruktion,
       Standzeit und Wirtschaftlichkeit der Umformwerkzeuge.
       Draht 9 (1958) Nr. 11.

[9]   Burgdorf, M.: Umformgerechtes Gestalten von Werk-
       stücken. VDI-Berichte Nr. 266, S. 67 - 72. Düssel-
       dorf: VDI-Verlag 1976.

[10]   Noack, P.: Rechnerunterstützte Arbeitsplanerstellung
       und Kostenberechnung beim Kaltmassivumformen von Stahl.
       Berichte aus dem Institut für Umformtechnik, Universi-
       tät Stuttgart, Nr. 48. Essen: Girardet 1979.

[11]   Feldmann, H. D. und Honnens, H.: Werkzeugentwicklung
        für das Kaltschmieden. Draht 17 (1966) Nr. 5, S. 305 -
        314.

[12]   Sieber, K.: Grundlagen für den Entwurf von Werkzeug-
        sätzen zum Kaltpressen von Formteilen, vorzugsweise
        auf Mehrstufenpressen. Draht 17 (1966) Nr. 4, S. 196 -
        205.

[13]   Lange, K.: Lehrbuch der Umformtechnik, Band 2 Massiv-
        umformung. Berlin /...: Springer 1974.

[14]   Geleji, A.: Bildsame Formgebung der Metalle. Berlin:
        Akademie Verlag 1967.

[15]   Kast, D.: Untersuchungen über den Kraft- und Arbeits-
        bedarf sowie den Umformwirkungsgrad beim Vorwärts-
        Vollfließpressen von Stahl. Berichte aus dem Institut
        für Umformtechnik, Universität Stuttgart, Nr. 2/3.
        Essen: Girardet 1965.

[16]   Billigmann, J. und Feldmann, H. D.: Stauchen und Pres-
        sen. München: Hanser 1973.

[17]   Hoffman , O. und Sachs, G.: Introduction to the theory
        of plasticity for engineers. New York /...: Mc Graw-
        Hill 1953.

[18]   Avitzur, B.: Metal Forming: Processes and Analysis.
        New York /...: Mc Graw-Hill 1968.

[19]   Pawelski, O.: Der Spannungszustand beim Ziehen und
        Einstoßen runder Stangen. Hannover Techn. Hochschule,
        Dr.-Ing.-Diss. 1962.

[20]   Deordiev, N. T. und Filimonov, J. F.: Mehrstufiges
        Reduzieren in starren Matrizen. Technisches Journal
        Umformtechnik 3 (1964) Nr. 1, S. 31 - 38.

[21]   VDI 3200: Fließkurven metallischer Werkstoffe, Blatt 1
        Grundlagen. Düsseldorf: VDI 1978.

[22]   Thomsen, E. G., Yang, C. T. und Bierbower, J. B.:
An Experimental Investigation of the Mechanics of
Plastic Deformation of Metals. Berkeley: Univ. of
Calif. Press 1954.

[23]   Steck, E.: Numerische Behandlung von Verfahren der
Umformtechnik. Berichte aus dem Institut für Umformtechnik, Universität Stuttgart, Nr. 22. Essen: Girardet 1971.

[24]   Prager, W. und Hodge, P. G.: Theorie ideal plastischer
Körper. Wien: Springer 1954.

[25]   Pugh, H. Ll. D.: Recent Developments in Cold Forming.
Bulleid Memoriel Lectures 1, Vol. III A, University
of Nottingham 1965.

[26]   Pflüger, A.: Stabilitätsprobleme der Elastostatik.
Berlin /...: Springer 1975.

[27]   Wilhelm, H.: Untersuchungen über den Zusammenhang
zwischen Vickershärte und Vergleichsformänderung bei
Kaltumformvorgängen. Berichte aus dem Institut für
Umformtechnik, Universität Stuttgart, Nr. 9. Essen:
Girardet 1969.

[28]   Avitzur, B. und Zimmermann, Z.: Metal Flow Through
Conical Converging Dies - A Lower Upper Bound
Approach Using Generalized Boundaries of the Plastic
Zone. Journal of Engineering for Industry (1970) Nr. 2
S. 119 - 129.

[29]   Nagpal, V. und Underwood, E.: Analysis of Axis-
symmetric Flow Through Curved Dies Using a Generalized
Upper Bound Approach. In: Proc. 2nd North American
Metalworking Research Conference. Madison: College
of Engineering 1974.

[30]   Schmoeckel, D.: Die Bedeutung der Tribologie in der
Umformtechnik. Dargestellt an Beispielen. In: Tagungs-
bericht Tribologie in Theorie und Praxis. Gesell-
schaft für Tribologie 1976.

[31]   Schwarz, H. R. u. a.: Numerik symmetrischer Matrizen.
       Stuttgart: Teubner 1968.

[32]   Binder, H. und Lange, K.: Load Requirement and Process
       Limitations for Open Die Extrusion of Rod. In: Proc.
       7th North American Metalworking Research Conference.
       Ann Arbor: University of Michigan 1979.

[33]   Geiger, M. u.Steck, E.: Näherungsrechnung zur Ermitt-
       lung des Spannungs- und Bewegungszustandes beim
       Fließen eines starrplastischen Werkstoffs. Ind.-Anz.
       89 (1967) S. 1778 - 1781.

[34]   VDI 3138: Kaltfließpressen von Stählen und NE-Metal-
       len, Blatt 1 Grundlagen. Düsseldorf: VDI 1970.

[35]   Iliescu, C. u. a.: Genau-Scherschneiden von Stangen.
       Werkstatt und Betrieb 110 (1977) Nr. 10 S. 689 - 696.

[36]   Kienzle, O. und Zabel, H.: Zerteilen metallischer
       Stangen durch Abscheren. Forschungsberichte des Landes
       Nordrhein-Westf. Köln: Westdeutscher Verlag 1965.

[37]   Hütte 1, Theoretische Grundlagen. Berlin: Akademi-
       scher Verein Hütte e. V. Ernst + Sohn 1955.

[38]   Hoffmanner, A. L.: Metal Forming Interrelation between
       Theory and Practice. New York, London: Plenum Press
       1971.

[39]   Miki, T. u. a.: Factors Causing internal Cracks in
       multistage Extrusion. In: Proc. 6th North American
       Metalworking Research Conference. Gainesville: Univ.
       of Florida 1978.

[40]   Pöhlandt, K.: Beitrag zur Aufnahme von Fließkurven bei
       hohen Umformgraden. In:Tagungsunterlagen Neuere Ent-
       wicklungen in der Massivumformung, Forschungsinstitut
       Umformtechnik Stuttgart 1979.

[41] Illgner, K. H.: Einflüsse von Verformungsprozessen
      auf die Zähigkeitseigenschaften von Werkstoffen und
      Bauteilen, Teil II. Draht 30 (1979) S. 620 - 624.

[42] Flemming, G.: Mechanische Eigenschaften von Stahl bei
      statischer und wechselnder Beanspruchung nach einer
      Massivumformung. Darmstadt Techn. Hochschule Dr.-Ing.-
      Diss. 1972.

[43] Wellinger, K. und Uebing, D.: Einfluß der Kaltverfor-
      mung auf Härte und Festigkeit unlegierter Stähle. Mit-
      teilungen der Forschungsgesellschaft Blechverarbei-
      tung (1962) Nr. 21 S. 295 - 304.

[44] Burgdorf, M.: Maßgenauigkeit und Oberflächenbeschaf-
      fenheit von Kaltfließpreßteilen. In: Tagungsunterla-
      gen Neuere Entwicklungen im Bereich der Kaltmassiv-
      umformung, Forschungsinstitut Umformtechnik Stuttgart
      1975.

[45] Krämer, G.: Beitrag zur beanspruchungsgerechten Aus-
      legung von rotationssymmetrischen Fließpreßmatrizen.
      Berichte aus dem Institut für Umformtechnik, Univer-
      sität Stuttgart, Nr. 49. Essen: Girardet 1979.

[46] Leykamm, H.: Arbeitsgenauigkeit kaltumgeformter Werk-
      stücke. In: Tagungsunterlagen Neuere Entwicklungen in
      der Massivumformung, Forschungsinstitut Umformtechnik
      Stuttgart 1979.

[47] ICFG 1/78: Herstellung von Werkstücken aus Stahl durch
      Kaltpressen. Redhill: Portcullis Press 1978.

[48] Hill, R.: The Mathematical Theory of Plasticity.
      Oxford: University Press 1950.

[49] Kienzle, O. und Mietzner, K.: Grundlagen einer Typolo-
      gie umgeformter metallischer Oberflächen. Berlin/...:
      Springer 1965.

[50]   Dannenmann, E.: Die Veränderung der Oberflächenbe-
        schaffenheit beim Voll-Vorwärts-Fließpressen von
        Stahl. C.I.R.P.-Annalen, Vol. XVII (1969) S. 353 - 365.

[51]   Hankele, K.: Die Eigenschaften einer AlZnMgCu-Legie-
        rung nach ausgewählten Kombinationen von Wärmebehand-
        lung und Kaltumformung. Berichte aus dem Institut für
        Umformtechnik, Universität Stuttgart, Nr. 46. Essen:
        Girardet 1977.

[52]   Leykamm, H.: Beitrag zur Arbeitsgenauigkeit des Kalt-
        massivumformens. Berichte aus dem Institut für Umform-
        technik, Universität Stuttgart, Nr. 57. Berlin...:
        Springer 1980.

[53]   Kast, D.: Modellgesetzmäßigkeiten beim Rückwärtsfließ-
        pressen geometrisch ähnlicher Näpfe. Berichte aus dem
        Institut für Umformtechnik, Universität Stuttgart,
        Nr. 13. Essen: Girardet 1969.

Berichte aus dem Institut für Umformtechnik der Universität Stuttgart

Herausgeber Professor Dr.-Ing. Kurt Lange

Die Berichte 1 bis 28 sind zu beziehen durch das Institut für Umformtechnik, Holzgartenstr. 17, 7000 Stuttgart 1
Die Berichte 29 bis 50 sind zu beziehen durch den Verlag W. Girardet, Postfach 9, 4300 Essen

Die Berichte 51 und folgende sind zu beziehen durch den Springer-Verlag, Berlin Heidelberg New York